现代生命科学实验系列丛书

丛书主编　杨永华　杨荣武

高级生物化学实验

杨荣武　李　俊　张太平　杨永华 等 编

科学出版社

北　京

内 容 简 介

本书是南京大学生命科学实验教学示范中心组织编写的《现代生命科学实验系列丛书》的一个分册。内容建立在学生已掌握了一定的生物化学基本实验技能的基础上，精选了多个综合性和创新性实验，旨在强化提高学生的综合运用能力和创新能力，让学生在实验课程中体验科研的过程，使学生从整体上了解生命科学研究的思路和方法，培养学生正确的科研思维能力和综合素质。其中的创新性实验既包含在新的条件下再现大科学家经典实验的项目，又有与生活实际相联系的实验项目。

本教材可作为高等院校生命科学、医药卫生相关专业创新性实验教材，也可供有关教师和科研人员参考使用。

图书在版编目(CIP)数据

高级生物化学实验/杨荣武等编. —北京：科学出版社，2012
（现代生命科学实验系列丛书/杨永华，杨荣武主编）

ISBN 978-7-03-035193-7

Ⅰ.①高… Ⅱ.①杨… Ⅲ.①生物化学-化学实验-高等学校-教材 Ⅳ.①Q5-33

中国版本图书馆 CIP 数据核字（2012）第 169626 号

责任编辑：张 鑫 顾晋饴 胡 凯/责任校对：黄 海
责任印制：赵德静/封面设计：许 瑞

科学出版社 出版

北京东黄城根北街16号
邮政编码：100717
http://www.sciencep.com

铭浩彩色印装有限公司印刷

科学出版社发行 各地新华书店经销

*

2012年8月第 一 版 开本：787×1092 1/16
2012年8月第一次印刷 印张：7 1/4
字数：150 000

定价：19.00 元

（如有印装质量问题，我社负责调换）

《现代生命科学实验系列丛书》编委会

主　编　杨永华　杨荣武

副主编　姜建明　丁　益　庞延军　谢　民　孔令东

《高级生物化学实验》编委会

丛　书　序

　　20 世纪后半叶是生命科学迅猛发展的时代，尤其是最后 20 年，其发展速度之快更加令人瞩目。基因治疗方法已经开始挽救患者的生命，动物克隆技术不断取得重大突破，利用基因工程技术生产新药和新型生化产品、培育农作物新品种业已成为相关产业发展的重要支撑技术，如此等等，人类数千年来的梦想正随着生命科学发展逐一实现。随着物理学世纪让位于生命科学世纪，世界还将会有更多的奇迹出现。可以预计，在本世纪，生命科学将成为自然科学的带头学科之一。

　　众所周知，始于 1990 年的人类基因组计划，动用了美、欧、亚多国的数百名科学家，计划耗资 30 亿美元，最终目标是绘制出人体 10 万个基因的图谱，揭开 30 亿个碱基对的密码，弄清全部基因的位置、结构和功能。这项工程为揭开有关人体生长、发育、衰老、患病和死亡的秘密，为最终帮助人类攻克诸如癌症、艾滋病、肝炎、肺结核、阿尔茨海默氏症等许多传统医学无法解决的难题，提供了十分有益的途径和可选择的方法。目前，各个种类的生物基因组计划、蛋白组学、代谢组学等"组学"计划如雨后春笋，层出不穷，方兴未艾，大量的新型生命科学仪器设备、实验技术不断得到发展和发明。时代的发展使人们越来越清楚地意识到，现代生命科学的探索不仅需要系统的理论知识武装，而且作为实验科学范畴的生命科学更需要比较完善的有关实验操作的系统性训练和实践，从而为科技工作者的科研创新打下坚实的基础。

南京大学的生命科学实验教学改革与发展一直走在全国高校的前列，特别是在南京大学生命科学实验教学中心成为国家级实验教学示范中心以后，始终按照"宽口径、厚基础、高素质、重创新"的原则，改善实验课程体系，更新实验教学内容，重视并加强学生思维和操作技能的训练，力争将学生培育成既具见识宽广的基础知识和生命科学核心知识，又有一定的生命科学专业技能的高级人才。通过这几年的教学实践，他们已积累和沉淀出相当多的经验和成果，这些经验和成果迫切需要总结，并以教材的形式出版，从而让兄弟院校的师生能够分享，同时在互动教学实践中获取宝贵的意见，以便不断改进现代生命科学的实验教学。我很高兴该丛书作为现代生命科学实验教学系列教材得以在科学出版社出版。这套丛书的出版完全顺应了当今生命科学从微观到宏观，从结构到功能，交叉与整合的发展趋势，是以杨永华教授、杨荣武教授为团队带头人的各位作者们多年来从事该项工作的心得并加以不断总结的产物，也是他们所倡导的"系统性整合生命科学教学与实验体系"在大学生物学教学与改革方面的具体实践结果。

该丛书所倡导并实践的实验教学体系，总体上是一套守正创新的体系。围绕该课程体系，分层次、分模块，系统设置了生命科学实验课程，重组了本科实验教学的基本内容，加强开放式、综合性、研究型实验，深化基础生物学技术训练、中级生物学技术训练、综合性技能与研究性实验训练。在新编的系列丛书中尤其注意去除一些过时的实验技术，将过去实验教学过程中的单一技能训练转化为综合实验技能训练，在实验课程体系和内容的设置方面以系统综合大实验为核心并以科学研究思路为线索设计系列教学实验，让学生在实验课程中体验科研的过程，使学生从整体上了解进行生物科学研究的思路和方法，培养学生正确的科研思维能力和综合素质。

我相信该丛书的出版将十分有助于提升我国高校生物学专业大学生及部分重点高中学生的科学意识、学习兴趣和创新能力，对大中学生未来的成长和国家培养创新型人才具有积极的意义。期待全国的大中学生们努力开拓视野、相互学习、共同进步，使自己的生命科学知识和生物科研水平达到一个新的高度。

中国工程院院士

中国生物工程学会理事长

江苏省科学技术协会主席

2012 年 7 月 30 日

丛 书 前 言

培养大学生的创新实践能力已成为当前我国高等教育教学改革的核心目标之一，也是促进我国高等教育可持续发展的永恒动力。本世纪被誉为生命科学的世纪，在已过去的十多年里，我们已经领略了生命科学日新月异的发展态势。作为一门实验性很强的学科，生命科学的发展显然离开不了实验教学的发展和进步。让学生拥有一套与时俱进的基于创新理念的生命科学实验教材，对于保证实验教学的质量，特别是提高学生将来在生命科学研究中的动手能力和创新能力至关重要。在高校，创新的源头在实验室。但实验室提供的不只是单纯的实验仪器，更重要的是丰富、先进的实验项目和内容。

这套现代生命科学实验系列丛书就是在这样浓烈的时代、使命和责任感的背景下编写完成的。"十一五"期间，在教育部及学校有关部门的大力支持下，南京大学国家级生命科学实验教学示范中心提出并建立了"系统性整合生命科学教学与实验体系"，通过数年的实施和完善，中心已取得了一批有特色的教学研究心得和成果。为便于全国兄弟高校之间的相互交流，提高生物学实验教学水平，在科学出版社的积极关心下，本中心精心组织了一批长期奋战在实验教学一线的专家和教师，编写了这套实验丛书。这套丛书将覆盖生命科学的诸多学科，以结构和功能为主线，涵盖从微生物、植物到动物、人类对象，从分子、细胞到个体、群体层次等多个方面，先行出版的有高级生物化学实验、生化分析技术实验、实用细胞生物学实验、遗传学实验、基因工程实验、植物科学实验等。每一分册的内容先从各门课程的基本技能训练入手，以培养学生掌握基本的研究手段，强化提高其综合运用，最后能独立完成创新课题为主线，包括基础实验、综合实验和创新实验。其中的创新实验部分，既包含在新的条件下再现大科学家经典实验的项目，又有与生活实际相联系的实验项目。书中涉及的主要实验原理和技术方法被直接融入到具体的实验之中，这样既便于学生掌握，又避免了理论与实际相脱离的弊端。

本丛书的编写风格简明、实用，编写中特别突出实验的综合性和创新性。在编写过程中，去除了一些过时的实验技术，将过去实验教学过程中的单一技能训练转化为综合实验技能训练，在实验课程体系和内容的设置方面以系统综合大实验为核心并以科学研究思路为线索设计系列教学实验，让学生在实验课程中体验科研的过程，使学生从整体上了解生命科学研究的思路和方法，培养学生正确的科研思维能力和综合素质。

最后，我们要特别提及的是，全国兄弟院校的一些专家、学者，南京大学生命科学学院及其国家级生命科学实验教学示范中心的同事，全国部分重点高中生物老师、生物竞赛教练员，通过多种途径和方式，给予了我们有力支持和帮助，在此一并表示衷心的感谢。

由于时间仓促，书中难免有疏漏和不当之处，希望读者在使用过程中能提出批评和建议并反馈编者，以使本丛书日臻完善。

丛书主编

国家级生命科学实验教学示范中心

南京大学生命科学学院

2012 年 7 月 25 日

目　录

实验 1　茶叶中黄酮含量的测定及其
抗氧化活性的比较

1.1　实验目的

（1）了解茶叶中黄酮的提取和测定方法。

（2）学会如何检测物质的抗氧化活性。

1.2　实验原理

$NaNO_2$-$Al(NO_3)_3$ 法源于芦丁含量的测定，并逐步用于黄酮类化合物的测定。但这并非黄酮类化合物的专有反应，凡具有邻苯二羟基结构的物质，均有此显色反应。显色反应后在 504 nm 处有很强吸收而对黄酮的测定造成干扰。

茶叶中富含羟基苯甲酸类、肉桂酸类及原花色素等多酚类物质，这些物质都具有邻苯二羟基结构，在碱性环境下与铝离子形成络合物，影响总黄酮的测定，造成测定结果偏高。

本实验选用三氯化铝法测定茶叶总黄酮含量。AlCl₃ 在酸性条件下只与酮羰基和其邻位羟基发生络合，反应式如下所示：

测定时，芦丁、桑色素等黄酮类物质反应强烈，而对酚酸类、原花色素的反应很小，该法对黄酮类化合物的专一性较强，适用于茶叶中黄酮含量的测定。

抗氧化的体外测定方法主要有三种：油脂过氧化值（PV）法、化学发光法和光度法。PV 法是利用抗氧化剂对油脂氧化的抑制能力来比较抗氧化能力的强弱，通过测定油脂的过氧化值的变化来进行抗氧化剂的定性定量。化学发光法是利用自由基氧化发光剂使之处于激发态，当它从激发态返回基态时会发光，且体系的发光强度和自由基的量成正比，可利用发光仪检测发光强度来测定抗氧化剂的抗氧化能力。光度法则是利用某些体系在氧化或自氧化过程中生成自由基，后者与某些化合物作用产生具有特定吸收的有色物质，用分光光度计测定有色物质的吸光度可检测抗氧化剂对自由基的清除作用。常用的自由基体系有超氧阴离子自由基体系、羟基自由基体系和 DPPH 自由基体系。

对于不同的抗氧化剂，其抗氧化能力可以用清除 50% 的自由基所消耗的抗氧化剂的量（IC_{50}）的大小来表示，也可以用清除 50% 的自由基所需的时间（AE）来表示，IC_{50} 值越小，AE 越短，则抗氧化剂的抗氧化能力越强。

本实验以维生素 C 作对照，采用超氧阴离子自由基体系来测定茶叶中的黄酮的抗氧化性。

1.3　实验器材

① 电子天平

② 烘箱

③ 容量瓶（100 mL）

④ 研钵

⑤ pH 计

⑥ 恒温水浴锅

⑦ 布氏漏斗、抽滤瓶

⑧ 7220 型分光光度计

⑨ 旋涡混合仪

1.4　实验试剂

（1）芦丁标准溶液（0.1 mg/mL）：准确称取 105℃下干燥恒重的芦丁纯品 0.1000 g，用 50％的乙醇溶解并定容至 100 mL。取此溶液用 50％的乙醇稀释 10 倍即为 0.1 mg/mL 的芦丁标准品溶液，贮于棕色瓶保存备用。

（2）乙酸-乙酸钠缓冲液（pH5.5）。

（3）50％乙醇水溶液。

（4）1.5％ $AlCl_3$：1.5 g $AlCl_3$ 溶于 100 mL 50％乙醇水溶液中。

（5）0.05 mol/L Tris-HCl 缓冲液（pH 8.2）。

（6）25 mmol/L 邻苯三酚。

（7）8 mol/L HCl。

1.5　实验操作

1. 茶叶样品处理

茶叶可选取市售的金银花茶、夏桑菊凉茶、碧螺春、龙井、铁观音等。准确称取干燥的茶叶 1.00 g，在研钵中研碎，加入 50％乙醇溶液 80 mL，转移至锥形瓶中，于 80℃水浴提取 5 h，期间不时振摇。抽滤，将滤液转移至 100 mL 的容量瓶中，用 50％乙醇溶液定容，备用。

2. 黄酮含量的测定

取 8 支干净试管，按下表进行操作。

摇匀，室温静置 30 min。以 0 号管调零，于 415 nm 下测定各管的吸光度，以吸光度值为纵坐标，以显色液中芦丁的质量（μg）为横坐标绘制标准曲线，根据样品的吸光度在标准曲线上查出样品中的总黄酮含量。

试剂 \ 管号	0	1	2	3	4	5	6	7
0.1 mg/mL 芦丁标准液/mL	0	0.4	0.6	0.8	1.2	1.4	1.6	—
样品/mL	—	—	—	—	—	—	—	2.0
1.5% AlCl₃/mL	1.6	1.6	1.6	1.6	1.6	1.6	1.6	1.6
乙酸-乙酸钠缓冲液（pH5.5)/mL	0.8	0.8	0.8	0.8	0.8	0.8	0.8	0.8
50%乙醇水溶液/mL	2.6	2.2	2.0	1.8	1.4	1.2	1.0	0.6
芦丁的质量/μg	0	40	60	80	120	140	160	
$A_{415\,nm}$								

3. 茶叶中黄酮的抗氧化性测定

以维生素 C 作对照，采用超氧阴离子自由基体系来测定茶叶中的黄酮的抗氧化性。取干净试管 3 只，按下表进行操作。

试剂 \ 管号	0	1（对照）	2（样品）
0.05 mol/L Tris-HCl 缓冲液/mL	5.5	4.5	4.5
	25℃水浴预热 20 min		
0.1 mg/mL 维生素 C/mL	—	1.0	—
抗氧化剂样品/mL	—	—	1.0
25 mmol/L 邻苯三酚/mL	0.4	0.4	0.4
	立即混匀，25℃水浴反应 5 min		
8 mol/L HCl/mL	1.0	1.0	1.0

加入 8 mol/L HCl 立即混匀，以 0 号管作参比，于 300 nm 处测定各

管的吸光度，按下式计算样品的自由基清除率：

$$超阴离子自由基清除率 = \frac{A_{对照} - A_{样品}}{A_{对照}} \times 100\%$$

式中，$A_{对照}$为维生素 C 标准液的吸光度；$A_{样品}$为样品的吸光度。

　　分别测定不同茶叶提取液中黄酮的抗氧化性，计算它们各自的超阴离子自由基清除率，比较其抗氧化能力。

实验 2 不同来源的角蛋白中胱氨酸的提取和测定

2.1 实验目的

(1) 了解并掌握胱氨酸的提取和测定方法。

(2) 了解胱氨酸含量的实际意义。

2.2 实验原理

胱氨酸存在于人发、猪毛、羊毛、羽毛及动物角等的蛋白质中，其中人发含量最高，达 18%。胱氨酸是氨基酸中最难溶于水的一种，因此可利用这种特性，通过酸水解，从废杂猪毛、人发、鸡毛、羊毛等角蛋白中，分离提取胱氨酸。

由于角蛋白含有较多的胱氨酸，故二硫键含量特别多，在蛋白质肽链中起交联作用，因此角蛋白化学性质特别稳定，同时二硫键含量越大，其机械强度也越大。

常用的胱氨酸测定方法为碘量法，先用溴将胱氨酸氧化，过量的溴用 KI 还原，最后用标准的 $Na_2S_2O_3$ 滴定反应产生的 I_2。但碘量法必须严格控制反应比，因为溴在氧化 L-胱氨酸的同时，也可以同时氧化其他氨基酸，造成测定结果偏高。

也可采用比色法，利用胱氨酸能将 Fe^{3+} 还原成 Fe^{2+}，后者可与邻二氮菲形成稳定的络合物，在波长 512 nm 处有最大吸收，且在 $0.25\sim 2.5\ \mu g/mL$ 范围内络合物的吸光度与胱氨酸含量成正比，可用标准曲线法测定胱氨酸的含量。

2.3　实验器材

① 烘箱

② 天平

③ 三口烧瓶

④ 过滤装置

⑤ 电炉

⑥ 恒温水浴锅

⑦ 碘瓶

⑧ 碱式滴定管

⑨ 7220 型分光光度计

2.4　实验试剂

(1) 4 mmol/L 硫酸铁铵溶液：称取 1.92 g 硫酸铁铵[Fe(NH₄)(SO₄)₂ ·

$12H_2O$]，用少量蒸馏水溶解后，加入 10 mL 浓盐酸，最后用蒸馏水稀释并定容至 1000 mL，贮于棕色瓶中，避光保存。

（2）0.25% 1,10-邻二氮菲溶液：称取 2.5 g 邻二氮菲，用少量蒸馏水溶解（不溶时可适当加热）并定容至 1000 mL，贮于棕色瓶中，避光保存。

（3）胱氨酸标准液（2.5 μg/mL）：称取胱氨酸标准品 0.125 mg，用蒸馏水溶解并定容至 50 mL。

（4）1% NaOH。

（5）50% KI：5 g KI 溶于 10 mL 蒸馏水中。

（6）0.1 mol/L $Na_2S_2O_3$ 溶液。

（7）0.5% 淀粉液。

（8）0.1 mol/L 溴液：称取 3.34 g $KBrO_3$、11.9 g KBr，用蒸馏水溶解并定容至 1000 mL。

（9）浓氨水。

2.5   实验操作

1. 胱氨酸的提取

本实验所用的材料是不同来源的毛发。通过盐酸水解、活性炭脱色、重结晶来提纯胱氨酸。

将毛发置于 50℃ 温水中浸泡 30 min，洗去灰尘等杂质，然后用清水洗净，置 60℃ 烘箱烘干备用。

称取干燥后的毛发样品 100 g 于三口烧瓶中，加入 30％的盐酸 180 mL，110℃持续回流 10 h，期间观察样品的变化，并检测水解程度。水解完全后，稍微冷却后趁热过滤。滤液置于电炉上于通风橱内加热驱赶盐酸，冷却至室温后，边搅拌边用浓氨水中和水解液并调节 pH 至 4.8，此时有大量白色固体析出。将此混合液置 4℃冰箱中过夜，次日过滤，用适量冷水洗涤固体，抽干。得胱氨酸粗品。

2. 提纯

将胱氨酸粗品用 2 倍体积的 2 mol/L HCl 于 70～80℃水浴中搅拌溶解，加入 8％（W/W）的活性炭，另加入少量 Na_2S 除铁①，于 80～85℃水浴中搅拌脱色 30 min。趁热过滤，滤液应为无色或黄绿色，用适量的沸水洗涤活性炭，合并滤液。保持溶液温度在 60℃，在搅拌下用浓氨水中和至 pH 4.1，静置 10 min 后抽滤并用沸水洗涤结晶。重复 1～2 次该提纯过程可得精制的胱氨酸。

3. 胱氨酸含量的测定

1）碘量法

准确称取干燥的胱氨酸样品 0.3 g，溶解于 1 mL 1％ NaOH 溶液中

---

① 铁质的存在会破坏胱氨酸，因此必须除去。当铁含量少时多用 EDTA 除去；当铁含量较高时应采用 H_2S 或 Na_2S 才能有效地除去。

（适当加热），用蒸馏水稀释并定容至 100 mL，配成 3 mg/mL 的样品液，备用。

吸取 25 mL 的样品液于 250 mL 碘瓶中，加入 40 mL 的 0.1 mol/L 的溴液和 10 mL HCl，立即加盖摇匀并用水封。置于暗处反应 15 min。冰水浴冷却后，向碘瓶中迅速加入 5 mL 50% 的 KI 水溶液、2 mL 0.5% 淀粉指示剂，立即用 0.1 mol/L 的 $Na_2S_2O_3$ 溶液滴定至终点（浅蓝色刚好消失）。

用蒸馏水代替样品液按上述步骤作空白试验。

根据样品和空白液滴定所消耗的硫代硫酸钠的体积，按下式计算样品中胱氨酸的含量：

$$胱氨酸的含量(\%) = (V_1 - V_0) \times 0.1 \times 0.02403 \times 100\%$$

式中，V_1 表示样品液消耗的硫代硫酸钠的体积（mL）；V_0 表示空白液消耗的硫代硫酸钠的体积（mL）；0.1 表示硫代硫酸钠的浓度（mol/L）；0.02403 表示转换系数，每 1 mL 0.1 mol/L 溴液相当于 2.403 mg 的 L-胱氨酸。

2）比色法

取干净试管 7 支，编号，按下表顺序进行操作。

以吸光度值为纵坐标，以胱氨酸含量（μg）为横坐标绘制标准曲线，根据样品的吸光度在标准曲线上查出样品中的胱氨酸含量。

比较不同来源的毛发中的胱氨酸含量，并说明是否与理论相一致。同时比较同一样品两种胱氨酸含量测定方法测定值是否一致并说明理由。

试剂 \ 管号	0	1	2	3	4	5	6
标准胱氨酸（2.5 μg/mL）/mL	0	0.5	1.0	1.5	2.0	2.5	3.0
蒸馏水/mL	2.0	1.6	1.4	1.2	1.0	0.8	0.4
硫酸铁铵（4 mmol/L）/mL	1.5	1.5	1.5	1.5	1.5	1.5	1.5
0.25% 1, 10-邻二氮菲溶液/mL	0.5	0.5	0.5	0.5	0.5	0.5	0.5
	混匀后，沸水浴20 min后冷却至室温，测定各管在512 nm处的吸光度						
吸光度 $A_{512\ nm}$							

实验 3　多糖的分离纯化、分子修饰
及生物活性的研究

3.1　实验目的

（1）了解并掌握多糖的分离提纯的原理及方法。

（2）了解多糖的修饰方法及多糖的活性测定。

3.2　实验原理

水提醇沉法是水溶性多糖最常用的提取方法，利用多糖在水中的溶解性将多糖提取出来后，用乙醇将多糖沉淀出来。由于蛋白质与多糖一样具有很大的相对分子质量，在加入乙醇时，蛋白质与多糖会共同沉淀，因此必须在沉淀之前将蛋白质除去。

常用的除去蛋白质的方法主要有 Sevag 法、三氟三氯乙烷法、三氯乙酸法以及酶法。Sevag 法是去除蛋白的有效方法，Sevag 试剂（氯仿与正丁醇混合液）中的氯仿是蛋白质的一种变性剂，加到粗多糖溶液中使蛋白变性，成为胶状不溶物质，经离心即可达到去除的目的。采用蛋白酶使样品中蛋白质部分降解，再用透析、离心或沉淀的方法也可除去蛋白质，常用的蛋白酶有胃蛋白酶、胰蛋白酶、木瓜蛋白酶等。

多糖含量的测定至今大多采用苯酚-硫酸比色法。多糖经浓硫酸水解后产生单糖，单糖在强酸条件下与苯酚反应生成橙色衍生物。该衍生物在波长 490 nm 处和一定浓度范围内，吸收值与多糖浓度呈线性关系，从而可用比色法测定其含量，此方法同样用于多糖分离时的检测。

多糖的免疫调节活性是其生物活性的重要基础。有的多糖是典型的 T 细胞激活剂，能促进细胞毒 T 淋巴细胞的产生，提高 T 淋巴细胞的杀伤活力。有的多糖则能促进巨噬细胞产生诱导因子，这些诱导因子再作用于淋巴细胞、肝细胞、血管内皮细胞等，导致与免疫和炎症有关的许多免疫应答的产生，具有抗肿瘤活性。

3.3　实验器材

① 山药粉（市售）

② 索氏提取器

③ 天平

④ 恒温水浴锅

⑤ 旋转蒸发器

⑥ 离心机

⑦ 透析袋

⑧ 冻干机

⑨ 组织匀浆器

⑩ 倒置显微镜

3.4 实验试剂

(1) 石油醚、乙醇、氯仿、正丁醇。

(2) DEAE-纤维素、Sephadex G100、Dextran 标准品。

(3) 标准单糖（鼠李糖、岩藻糖、阿拉伯糖、木糖、甘露糖、葡萄糖、半乳糖）、肌醇

(4) 硫酸酯化试剂：将无水吡啶置于反应瓶中，经冰盐浴冷却后，滴加氯磺酸，于室温下搅拌 30 min，密封后置于低温冰箱备用。

3.5 实验操作

1. 粗多糖的提取

取市售的山药粉末，事先在 70℃烘干 2 h。称取 8 g 干燥的山药粉，置于索氏提取器中，加入 100 mL 石油醚，90℃回流 1～2 h 脱脂。脱脂之后向索氏提取器中加入 80%的乙醇，90℃回流 3 次，以除去单糖、多酚、低聚糖和皂苷等小分子物质。

在脱脂后的样品中用 10 倍质量的蒸馏水于 60℃水浴浸提 3 h（分 3

次浸提，每次浸提 1 h)，每次浸提后离心，沉淀继续用蒸馏水浸提，最后合并上清液。

将上清液转入旋转蒸发器中，真空浓缩至 15 mL 左右。在浓缩液中加入 60 mL 氯仿-正丁醇（4∶1，V/V）混合液，充分振荡 20 min，静置分层，3500 r/min 离心 15 min，将中间液面白色类似凝胶的蛋白质和下层的有机溶剂除去。上层水相中继续加入 60 mL 氯仿-正丁醇（4∶1，V/V）混合液，充分振荡 20 min，静置分层，3500 r/min 离心 15 min，取上层水相，如此重复直至离心后水相和有机相之间无蛋白质层出现（约 4～5 次）。

将上层水溶液置透析袋中，用 20 倍体积的蒸馏水透析 3 d，中间换水 6 次。将透析袋中溶液真空浓缩至 15 mL 左右。向浓缩液中加入 4 倍体积的无水乙醇，4℃冰箱放置 12 h，4000 r/min 离心 20 min，收集沉淀。

将沉淀用少量蒸馏水溶解，冷冻干燥即得粗多糖，按下面的公式计算粗多糖的得率：

粗多糖得率(%) ＝［粗多糖的质量(g)/ 山药粉的质量(g)］×100%

2. 粗多糖（RDP）的纯化

取山药粗多糖 1 g，用 DEAE-纤维素柱纯化，水洗脱，苯酚-硫酸法检测，收集多糖主峰，用无水乙醇沉淀，4000 r/min 离心 20 min，沉淀用少量蒸馏水溶解，冷冻干燥。

将冻干后的样品用少量蒸馏水溶解，经 Sephadex G100 凝胶色谱柱进一步纯化，双蒸馏水洗脱，收集多糖峰（两个）。用乙醇沉淀，再冷冻干燥得纯山药多糖 RDP-I 和 RDP-II。

3. 纯度及分子质量测定

将纯化后的山药多糖 RDP-I、RDP-II 及 Dextran 标准品（分子质量依次为 57 200 Da、43 000 Da、21 400 Da、17 500 Da、50 Da）分别经 HPLC 分离，洗脱剂为双蒸馏水，流速为 1 mL/min，收集洗脱峰，记录洗脱时间和体积。根据洗脱峰的形状判断样品的纯度，以 Dextran 系列标准品的分子质量对数与对应的洗脱体积作标准曲线，再根据 RDP-I 和 RDP-II 的洗脱体积求得其分子质量。

4. 多糖的结构分析

1）多糖的酸水解

称取 10 mg 山药多糖 RDP-I，加入 2 mol/L 三氟乙酸 2 mL，封管后在 120℃ 水解 2 h，冷却后减压蒸去 TFA。用纸色谱法检测水解产物，展开剂为乙酸乙酯-吡啶-乙酸-水（5∶5∶1∶3），用苯胺-邻苯二甲酸试剂显色。剩余水解物减压干燥过夜后加入盐酸羟胺 10 mg 及无水吡啶 1 mL 溶解，在 90℃ 反应 30 min，冷至室温，加入无水乙酸酐 1 mL，在 90℃ 下继续反应 30 min，冷至室温，加入 H_2O 1 mL 摇匀，用氯仿萃取乙酰化产物进行气相色谱分析。

RDP-I 经完全酸水解，产物用 PC 法检测有葡萄糖、甘露糖和半乳糖的斑点，表明 RDP-I 是一种由葡萄糖、甘露糖和半乳糖组成的杂聚糖。

2）多糖甲基化反应

称取 P_2O_5 干燥的多糖 RDP-I 5 mg，溶于 2 mL 无水二甲亚砜中，在氩气保护下注入甲基亚磺酰负离子 1.15 mL，室温反应 1 h。置于冰浴至内容物冻结，滴加碘甲烷 1 mL。封口后在室温下反应 1 hr。用氩气将碘甲烷驱净。加水 2 mL，用氯仿萃取甲基化产物 2 次，每次 1 mL，合并氯仿层用水洗 2 次，加无水硫酸钠过夜。过滤除去无水硫酸钠，减压蒸去氯仿，真空干燥得暗黄色的甲基化产物，相继用甲酸和 2 mol/L TFA 水解并乙酰化，产物加氯仿 0.5 mL 溶解，进行 GC 分析。

将 RDP-I 完全水解物的糖腈乙酸酯衍生物的 GC 图，对照标准单糖的糖腈乙酸酯衍生物（鼠李糖、岩藻糖、阿拉伯糖、木糖、甘露糖、葡萄糖、半乳糖和内标肌醇）的 GC 图，根据出峰的时间和峰面积判定多糖的组成及各个组分的相对含量①。

5. 山药多糖硫酸酯化衍生物的制备与测定

将山药多糖悬浮于无水甲酰胺中搅拌 30 min，然后逐渐加入硫酸酯

---

① RDP-I 是由葡萄糖、甘露糖和半乳糖以摩尔比 10：4：1 组成。

化试剂于室温搅拌反应 1 h。反应结束后用 0.1 mol/L NaOH 溶液中和。用蒸馏水透析后冷冻干燥得硫酸化衍生物。

采用 2 mol/L TFA 将硫酸基释放出来后与钡离子在明胶中形成浑浊，于波长 360 nm 测定浊度，以硫酸钠作标准物获得标准曲线后计算得硫酸基含量。

6. 山药多糖（RDP）的抗肿瘤活性

1）肿瘤模型的复制

将 Lewis 肺癌荷瘤小鼠（$C_{57}BL/6$ 小鼠，鼠重 20 ± 2 g）脱颈处死，放入 75% 乙醇中浸泡 10 min，在超净工作台上分离瘤体，取其中生长良好、无坏死的肿瘤组织，用生理盐水冲洗后剪碎，经 0.25% 胰蛋白酶室温下消化 5 min，用组织匀浆器将肿瘤组织制成匀浆液，过 300 目尼龙网制成单细胞悬液，用生理盐水调整细胞浓度至 1×10^7 个/mL，0.2% 台盼蓝染色，在倒置显微镜下计算活细胞数，即未染色的细胞数大于 95%，在每只小鼠右腋皮下接种瘤细胞悬液 0.2 mL。

2）肿瘤接种

Lewis 肺癌试验小鼠品系为 $C_{57}BL/6$ 小鼠，鼠重 20 ± 2 g，♀♂各半，每个剂量 10 只小鼠。接种瘤组织前把 50 只小鼠随机分成 5 组：空白对照组（A组），荷瘤对照组（B组），RDP 小剂量组（C组），RDP 中剂量组

（D 组），RDP 大剂量组（E 组）。5 组动物分笼喂养。适应性喂养 1 周后，将 B、C、D、E 组接种瘤细胞悬液（生理盐水为对照组），RDP 设 3 个剂量：10 mg/kg、50 mg/kg 和 100 mg/kg 组 Lewis 肺癌连续静脉注射10 d，接种后 14 d 脱颈处死。

3) 检测

测移植瘤重，计算抑瘤率：处死动物后，剥离移植瘤体，电子天平称重，计算抑瘤率；石蜡包埋，连续切片，厚度约 4 μm。

抑瘤率（%）＝（对照组瘤重－用药组瘤重）/对照组瘤重×100%

观察肺转移数，计算肺转移抑制率：方法同上，取血后颈椎脱臼处死小鼠，剥离小鼠肺脏，用电子天平称重，Buin's 液固定，并计算肺转移结节数，计算肺转移抑制率。

实验 4 芦荟多糖的提取及其抗氧化性的研究

4.1 实验目的

（1）了解并掌握多糖的分离提纯的原理及方法。

（2）掌握多糖抗氧化活性的检测方法。

4.2 实验原理

芦荟是一种传统中药，具有良好的抗菌、消炎、促进细胞生长及抗肿瘤等药理作用。芦荟的组成成分很多，芦荟的种种功效是各组成成分的协同结果，而芦荟多糖则起到关键性的作用。

芦荟多糖的提取采用传统的热水提取法，经过脱脂、热水浸提、除杂（主要是蛋白质）、沉淀得多糖粗品，再经 DEAE 纤维素树脂、Sephadex G200 凝胶进一步纯化得纯品。

本实验以维生素 C 作对照，采用超氧阴离子自由基体系来测定芦荟的抗氧化活性。

4.3　实验器材

① 干粉打磨机

② 索氏提取器

③ 天平

④ 恒温水浴锅

⑤ 旋转蒸发器

⑥ 离心机

⑦ 透析袋

⑧ 冻干机

⑨ 恒流泵

⑩ 分部收集器

⑪ 紫外检测仪

4.4　实验试剂

(1) 石油醚（60~90℃）。

(2) 氯仿-正丁醇（4∶1，V/V）。

(3) DEAE-纤维素树脂。

(4) Sephadex G200 凝胶。

(5) 0.05 mol/L NaCl。

（6）0.05 mol/L Tris-HCl 缓冲液（pH8.2）。

（7）25 mmol/L 邻苯三酚。

（8）8 mol/L HCl。

4.5 实验操作

1. 粗多糖的提取

取市售的芦荟，打磨成粉，事先在 70℃ 烘干 2 h。称取 8 g 芦荟粉，置于索氏提取器中，加入 100 mL 石油醚，90℃ 回流 1～2 h 脱脂。脱脂之后向索氏提取器中加入 80% 的乙醇，90℃ 回流 3 次，以除去单糖、多酚、低聚糖和皂苷等小分子物质。

在脱脂后的样品中用 10 倍质量的蒸馏水于 60℃ 水浴浸提 3 h（分 3 次浸提，每次浸提 1 h），每次浸提后离心，沉淀继续用蒸馏水浸提，最后合并上清液。

将上清液转入旋转蒸发器中，真空浓缩至 15 mL 左右。在浓缩液中加入 60 mL 氯仿-正丁醇（4∶1，V/V）混合液，充分振荡 20 min，静置分层，3500 r/min 离心 15 min，将中间液面白色类似凝胶的蛋白质和下层的有机溶剂除去。上层水相中继续加入 60 mL 氯仿-正丁醇（4∶1，V/V）混合液，充分振荡 20 min，静置分层，3500 r/min 离心 15 min，取上层水相，如此重复直至离心后水相和有机相之间无蛋白质层出现（约 4～5 次）。

将上层水溶液置透析袋中，用 20 倍体积的蒸馏水透析 3 d，中间换水 6 次。将透析袋中溶液真空浓缩至 15 mL 左右。向浓缩液中加入 4 倍体积的无水乙醇，4℃冰箱放置 12 h，4000 r/min 离心 20 min，收集沉淀。

将沉淀用少量蒸馏水溶解，冷冻干燥即得粗多糖，按下面的公式计算粗多糖的得率。

粗多糖得率(%) = [粗多糖的质量(g) / 芦荟粉的质量(g)] × 100%

2. 芦荟多糖的纯化

DEAE-纤维素的预处理：取市售的 DEAE-纤维素树脂，于去离子水中浸泡过夜。次日倾去细小颗粒，重复 4～5 次，用 0.5 mol/L NaOH 溶液溶胀 2 h，后用蒸馏水洗至中性。再用 0.5 mol/L HCl 溶液浸泡 0.5 h，然后用蒸馏水洗至中性，悬浮于蒸馏水中备用。

装柱：将处理好的 DEAE-纤维素装填于 2.5 cm×50 cm 的玻璃柱中，床体积为 240 mL。

取芦荟粗多糖 50 mg，用 DEAE-纤维素柱纯化，分别以去离子水、0.1 mol/L NaHCO$_3$ 和 0.1 mol/L NaOH 阶段洗脱，洗脱速度为 4 mL/min，每管 4 mL 分部收集，苯酚-硫酸法检测，收集多糖主峰，得到三种多糖组分（水洗组分超过 90%）。分别用无水乙醇沉淀，4000 r/min 离心 20 min，沉淀用少量蒸馏水溶解，冷冻干燥。

将冻干后的样品用少量蒸馏水溶解，经 Sephadex G200 凝胶色谱柱进一步纯化。Sephadex G200 凝胶经溶胀、浸洗后装柱。用 0.05 moL/L

NaCl 溶液预平衡 24 h，控制流速 10 mL/h。样品上样量为 10 mg，用 0.05 mol/L NaCl 溶液洗脱，每管 3 mL 分部收集。收集多糖峰，冷冻干燥得纯芦荟多糖。

3. 芦荟多糖的抗氧化活性的测定

以维生素 C 作对照，采用超氧阴离子自由基体系来测定芦荟多糖的抗氧化性。取干净试管 3 只，按下表进行操作。

试剂 ＼ 管号	0	1（对照）	2（样品）
0.05 mol/L Tris-HCl 缓冲液/mL	5.5	4.5	4.5
	25℃水浴预热 20 min		
0.1 mg/mL 维生素 C/mL	—	1.0	—
多糖样品/mL	—	—	1.0
25 mmol/L 邻苯三酚/mL	0.4	0.4	0.4
	立即混匀，25℃水浴反应 5 min		
8 mol/L HCl/mL	1.0	1.0	1.0

加入 8 mol/L HCl 立即混匀，以 0 号管作参比，于 300 nm 处测定各管的吸光度，按下式计算样品的自由基清除率：

$$超阴离子自由基清除率 = \frac{A_{对照} - A_{样品}}{A_{对照}} \times 100\%$$

式中，$A_{对照}$ 为维生素 C 标准液的吸光度；$A_{样品}$ 为样品的吸光度。

实验 5　油炸方便面中丙二醛含量的测定

5.1　实验目的

(1) 了解和掌握丙二醛含量测定的原理和方法。

(2) 了解丙二醛含量测定的实际意义。

5.2　实验原理

现今，油炸方便面（下称方便面）是人们常用的方便食品之一。由于制作原料油的质量问题、存储不当和存放时间过长，会产生过量的脂质过氧化物，食用后会对人体造成危害。丙二醛（MDA）是脂质过氧化物的分解产物，在一定条件下能和硫代巴比妥酸（TBA）形成紫红色物质，其呈色的强度与脂质过氧化物的含量成正比。因此，测定丙二醛的含量在一定程度上可反映油脂过氧化的程度。

5.3　实验器材

① 方便面（市售）

② 研钵

③ 水浴锅

④ 7220 型分光光度计

⑤ 试管

⑥ 吸管

⑦ 离心机

5.4　实验试剂

（1）0.2%TBA：称取 0.2 g TBA，用蒸馏水溶解并定容至 100 mL（适当加热助溶），贮于棕色瓶中。

（2）5% TCA。

（3）标准储备液（10 mmol/L）：准确称取 82.1 mg 1,1,3,3-四甲氧基丙烷（1,1,3,3-tetramethoxy-propane，TMP），用无水乙醇溶解并定容至 50 mL，存放于密闭的棕色瓶，置于冰箱中。

（4）标准应用液（10 μmol/L）：将上述标准储备液用蒸馏水准确稀释 1000 倍，储于棕色瓶内，在冰箱中可稳定 3 个月。

（5）三氯甲烷。

5.5　实验操作

取市售方便面若干，置于研钵中研磨成粉，准确称取 0.1 g 于一干净试管中，加入 0.5 mL 蒸馏水，此为测定管。另取两只干净试管，分别加入 0.5 mL 标准应用液（标准管）和 0.5 mL 蒸馏水（空白管），然后按下表进行操作[①]。

管号　试剂	0（空白）	1（标准）	2（测定）
标准应用液（10 μmol/L）/mL	—	0.5	—
蒸馏水/mL	0.5	—	—
方便面样品液/mL			0.5
5% TCA/mL	2.5	2.5	2.5
0.2%TBA/mL	3.0	3.0	3.0
沸水浴加热 30 min，取出后用冷水冷却转移至有盖离心管中			
三氯甲烷/mL	3.0	3.0	3.0
将离心管盖紧闭，剧烈振荡 30s，冰水浴中静置 20 min；3000 r/min 离心 10 min，小心吸取上层水相；在 530 nm 处以空白管调零，测定各管的吸光度			
$A_{530\,nm}$			

---

① 标准管和测定管可分别平行做两组，取平均值。

5.6　实验计算

按下列公式计算样品中的丙二醛含量：

$$样品中的丙二醛含量(nm/g) = \frac{测定管吸光度}{标准管吸光度} \times 5.0 \times \frac{1.0}{0.1}$$

样品中含有葡萄糖和淀粉，对呈色反应无影响。但一定量的蛋白质会对呈色反应产生干扰。可用 TCA 和三氯甲烷将蛋白质除去。

实验 6　鱼油中不饱和脂肪酸的提取、纯化和测定

6.1　实验目的

（1）了解并掌握不饱和脂肪酸的提取、纯化的原理与方法。

（2）了解并掌握不饱和脂肪酸的测定方法。

6.2　实验原理

鱼油中富含多种 ω-3 多不饱和脂肪酸（poly unsaturated fatty acid，PUFA），主要以甘油三酯的形式存在于海洋生物中，具有多种药理作用和生理功能，为人体必需脂肪酸。尤其是二十碳五烯酸（eicosapntemacnioc acid，EPA）和二十二碳六烯酸（docosahexaenoic acid，DHA）具有预防动脉硬化和心脑血管疾病、有利于儿童早期智力发育及防止大脑衰老等保健功能。

尿素包合法可用来浓缩鱼油中 EPA 和 DHA，当某种长链脂肪酸存在时，尿素可与其结合并生成包合物结晶（复合体）。与尿素结合生成结晶体的长链脂肪酸，受分子大小及形状的制约，饱和脂肪酸比不饱和脂肪酸更能产生稳定的复合体，含有一个双键的脂肪酸比含有两个双键的脂肪酸易形成复合体，脂肪酸的不饱和程度越高，与尿素的结合能力越弱。利用这个性质就可以将饱和脂肪酸、低度不饱和脂肪酸与多不饱和脂肪酸分开。

6.3　实验器材

① 鱼油（市售）或新鲜鱼内脏

② 匀浆器

③ 水浴锅

④ 离心机

⑤ 气相色谱仪

6.4　实验试剂

（1）25%（W/V）KOH 乙醇 75%溶液：25 g KOH 溶于 100 mL 75%乙醇。

（2）维生素 C。

（3）4 mol/L HCl。

（4）尿素。

（5）无水乙醇。

（6）0.15 mol/L 的氢氧化钾甲醇溶液。

（7）无水乙醚。

6.5 实验操作

1. 鱼油的制备

将鱼宰杀，取鱼内脏 100 g，洗净后剪碎并匀浆，加入 1/2 体积的蒸馏水，调 pH 至 8.5～9.0，85～90℃加热 1 h，不停搅拌。加 5 g NaCl 固体，搅拌使其全溶。继续加热 15 min，用双层纱布或尼龙布过滤，压榨滤渣，合并滤液与压榨液，趁热离心即得鱼油（上层）。

在鱼油的提取过程中，将提取液调至弱碱性并在加热保温后期加入 NaCl 固体可使提取液黏性变小、渣滓凝聚、过滤压榨容易进行，但加碱不可过量，否则鱼油将被皂化。另外食盐还有破乳化作用，有利于油水分离。压榨对鱼油收率影响很大，约有 1/3～1/2 体积的鱼油存在于压榨液中。

2. 多不饱和脂肪酸（PUFA）的提取

在 60 mL 25% KOH 乙醇溶液中，加入 60 g 鱼油和 0.16 g 维生素 C，

60℃水浴加热，搅拌至溶液澄清，且无明显分层现象。取出，冷却至室温，有大量饱和脂肪酸钠盐析出，挤压过滤，滤液中加入 4 mol/L HCl 75 mL，搅拌至溶液分层①，将溶液转移至分液漏斗中，静置后分出下层废液，上层液用水洗 3 次，得总脂肪酸。

3. 多不饱和脂肪酸（PUFA）的纯化（尿素包合法）

取 30 g 尿素和 40 mL 无水乙醇，60℃水浴加热，搅拌 10 min 使其部分溶解。加入总脂肪酸 10 g，继续加热 10 min 后取出。常温下搅拌包合 30 min，然后置于冰箱中冷藏 24 h，使其充分结晶，抽滤后向滤液中加入 3 倍体积的水及等体积的 2 mol/L HCl 溶液，搅拌 5 min，移至分液漏斗静置分层，收集上层油状液，并水洗 3 次，最后用无水硫酸钠干燥后得多不饱和脂肪酸。

4. 含量测定（气相色谱法）

硫酸甲酯化：取一滴油于 10 mL 带塞的试管内，加入 1 mL

---

① 纯化方法：滤液冷却至 -20℃，压滤。滤液加等体积水，用稀 HCl 调 pH 至 3~4，2000 g 离心 10 min，得上层多不饱和脂肪酸 PUFA。将所得 PUFA 溶于 4 倍体积的 4% KOH 乙醇（95%）溶液中，-20℃放置过夜，次日抽滤。滤液中加少量水，-10℃冷冻，抽滤，除去胆固醇结晶。滤液再加少量水，-20℃冷冻，2000 g 离心 5 min，倾出上层液，得下层 PUFA 钠盐胶状物。将 PUFA 钠盐胶状物用稀 HCl 调 pH 至 2~3，2000 g 离心 10 min，上层液即为纯化的 PUFA。

钠盐结晶法和尿素包合法除去低度不饱和脂肪酸的机制不同，各有所长。钠盐结晶法除去 C_{16}~C_{18} 低度不饱和脂肪酸效果较好，尿素包合法除去 C_{20}~C_{22} 低度不饱和脂肪酸较为优越，故两种方法联合应用，可进一步提高产品 EPA 和 DHA 含量。

0.15 mol/L的氢氧化钾甲醇溶液，在70℃水浴加热15 min，并不断振摇使其完全皂化。取出后冷却，加入1.5 mL 3‰硫酸甲醇液（V/V），充分振摇后放入70℃水浴中加热20 min。冷却至室温，加入2 mL乙醚萃取，乙醚层用少量无水硫酸钠干燥，低温静置2 d，取1 μL溶液作GC分析，测定其含量。

各种标准脂肪酸（EPA、DHA）按上述相同方法进行（脂肪酸甲酯化、定容）。将标准溶液分别进样后用保留时间对各脂肪酸定性，再用外标法做标准溶液的工作曲线，并利用样品的保留时间及峰面积对样品进行定性和定量。

实验 7　淀粉的分离纯化及组分
（直链、支链）的含量测定

7.1　实验目的

（1）学习淀粉的分离制备纯化及测定方法。

（2）进一步学习了解淀粉组分（直链、支链）的含量测定。

7.2　实验原理

淀粉是储藏物质。大量的淀粉主要存在于种子及块茎中，禾谷类种子含淀粉 50%～80%，板栗含淀粉 50%～70%。淀粉以粒状形式存在。淀粉粒的主要成分是多糖，约占 95% 以上，此外还含有少量矿物质、磷酸和脂肪酸。不同作物种子的淀粉，淀粉粒的形态和大小均不同，根据这种性质可鉴定淀粉的种类。

淀粉是白色无定形粉末，由直链淀粉与支链淀粉两部分组成，它们在淀粉中的比例随植物的品种而异，一般直链淀粉在淀粉中约为 20%～

25％，支链淀粉为 75％～80％。直链淀粉溶于热水，但不成糊状，遇碘呈蓝色；支链淀粉不溶于水，与热水作用则膨胀而成糊状。

淀粉为 α-1,4 糖苷键呈 6 个葡萄糖残基为一周的螺旋结构，葡萄糖残基上羟基朝向圈内。当碘分子进入圈内时，羟基成为电子供体，碘分子成为电子受体，形成淀粉-碘络合物，呈蓝色。溶液呈色的强度与淀粉含量呈正相关。在 625 nm 下测定溶液的吸光度，根据标准曲线便可求出淀粉含量。

根据双波长比色原理，如果溶液中某溶质在两个波长下均有吸收，则两个波长的吸收差值与溶液浓度成正比。

直链淀粉与碘作用产生纯蓝色，支链淀粉与碘作用生成紫红色。如果用两种淀粉的标准溶液分别与碘反应，然后在同一个坐标系里进行扫描（400～960 nm）或作吸收曲线，可以得到图 7.1 所示结果。

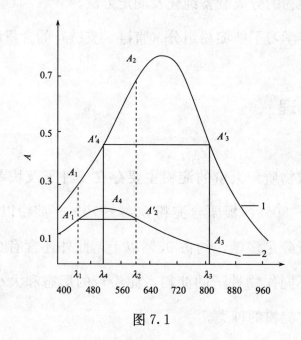

图 7.1

图 7.1 中 1 为直链淀粉的吸收曲线，2 为支链淀粉的吸收曲线。对直链淀

粉米说，选择 λ_2 为测定波长（不一定是最大吸收波长），在 λ_2 处作 x 轴垂线，垂线与曲线 1、2 分别相交与 A_2、A_2'。通过 A_2'，作 x 轴平行线，与轴线 2 相交于 A_1'。通过 A_1' 再作 x 轴垂线。垂线与曲线 λ_1 和 x 轴分别相交于 A_1 和 λ_1。λ_1 即为直链淀粉测定的参数比波长。$A_2 - A_1 = \Delta A_{直}$ 与直链淀粉含量成正比，在此条件下，$A_2' = A_1'$，支链淀粉的存在不会干扰直链淀粉的测定。

同样，可以通过作图选择支链淀粉的测定波长为 λ_4，参比波长为 λ_3。$A_4 - A_3 = \Delta A_{支}$ 与支链淀粉含量成正比，直链淀粉的存在也不会干扰支链淀粉的测定。

对含有直链淀粉和支链淀粉的未知样品，与碘显色后，只要在选定的波长 λ_1、λ_2、λ_3、λ_4 处作四次比色，利用直链淀粉和支链淀粉标准曲线即可求出样品中两类淀粉的含量。

7.3　实验器材

① 电子分析天平

② 722 型（或 7220 型）分光光度计

③ pH 计

④ 容量瓶 100 mL×2，50 mL×16

⑤ 吸管 0.5 mL×1，2.0 mL×1，5.0 mL×1

⑥ 高速组织捣碎机

⑦ 纱布

⑧ 离心机（4000 r/min）

⑨ 红薯

7.4　实验试剂

（1）碘试剂：称取碘化钾 2.0 g，溶于少量蒸馏水，再加碘 0.2 g，待溶解后用蒸馏水定容至 100 mL。

（2）无水乙醇。

（3）0.5 mol/L KOH 溶液。

（4）0.1 mol/L HCl 溶液。

（5）直链淀粉标准液：称取直链淀粉纯品 0.1000 g 放在 100 mL 容量瓶中，加 0.5 mol/L KOH 10 mL，在热水中待溶解后，取出加蒸馏水定容至 100 mL，即为 1 mg/mL 直链淀粉标准溶液。

（6）支链淀粉标准液：用 0.1000 g 支链淀粉按（5）法制备成 1 mg/mL 支链淀粉标准液。

（7）红薯纯淀粉。

（8）10% NaCl 溶液。

7.5　实验操作

1. 淀粉的制备

将红薯去皮，称取 50～60 g 洗净后切碎，以 1：3（W/V）比例加水混合，用高速组织捣碎机捣碎。然后用三层纱布过滤，滤渣再用少量水冲洗 2 次，收集滤液，用离心机 3500 r/min 离心 10 min 后倒去上清液，沉淀再用水冲洗，充分搅匀，同样条件再离心一次，去上清液，保留沉淀。

2. 淀粉纯化

向沉淀中加入 10%NaCl 溶液（用量约为沉淀的 4 倍体积），反复搅拌 10 min，3500 r/min 离心 10 min 使其澄清，倒去上清液，如此再重复一次，以除去蛋白质。沉淀用水洗 2 次，并反复搅匀，3500 r/min 离心 10 min使淀粉沉淀下来。沉淀再用少量无水乙醇洗涤 2 次，倾出乙醇洗涤液，沉淀转入培养皿风干，即为淀粉制品。

3. 纤维素吸附法分离直链淀粉和支链淀粉

利用直链淀粉能被纤维吸附而支链淀粉不能被吸附的性质可将它们分离，将冷红薯淀粉溶液通过脱脂棉花柱，直链淀粉被吸附在棉花上，支链淀粉流过，直链淀粉再用热水洗涤出来。用此方法可制得高纯度的支链淀粉。

4. 选择直链淀粉、支链淀粉测定波长、参比波长

直链淀粉：以 1 mg/mL 直链淀粉标准液 1.0 mL，放入 50 mL 容量

瓶中，加蒸馏水 30 mL，以 0.1 mol/L HCl 溶液调至 pH 3.5 左右，加入碘试剂 0.5 mL，并以蒸馏水定容。静置 20 min，以蒸馏水为空白，用双光束分光光度计进行可见光全波段扫描或用普通比色法绘出直链淀粉吸收曲线。

支链淀粉：取 1 mg/mL 支链淀粉标准液 1 mL，放入 50 mL 容量瓶中，以下操作同直链淀粉。在同一坐标内获得支链淀粉可见光波段吸收曲线。

根据原理部分介绍的方法，确定直链淀粉和支链淀粉的测定波长，参比波长 λ_2、λ_1、λ_4 和 λ_3。

5. 制作双波长直链淀粉标准曲线

吸取 1 mg/mL 直链淀粉标准溶液 0.3 mL、0.5 mL、0.7 mL、0.9 mL、1.1 mL、1.3 mL 分别放入 6 只不同的 50 mL 容量瓶中，加入蒸馏水 30 mL，以 0.1 mol/L HCl 溶液调至 pH 3.5 左右，加入碘试剂 0.5 mL，并用蒸馏水定容。静置 20 min，以蒸馏水为空白，用 1 cm 比色杯在 λ_1、λ_2 两波长下分别测定 A_{λ_1}、A_{λ_2}，即得 $\Delta A_直 = A_{\lambda_2} - A_{\lambda_1}$。以 $\Delta A_直$ 为纵坐标，直链淀粉含量（mg）为横坐标，制备双波长直链淀粉曲线。

6. 样品中直链淀粉、支链淀粉及总淀粉的测定

称取脱脂样品 0.1 g（精确至 1 mg），置于 50 mL 容量瓶中，加

0.5 mol/L KOH 溶液 10 mL，在沸水浴中加热 10 min，取出，以蒸馏水定容至 50 mL，静置。吸取样品液 2.5 mL 两份（即样品测定液和空白液），均加蒸馏水 30 mL，以 0.1 mol/L HCl 溶液调至 pH 3.5 左右，样品中加入碘试剂 0.5 mL，空白液不加碘试剂，然后均定容至 50 mL。静置 20 min，以样品空白液为对照，用 1 cm 比色杯，分别测定 λ_2、λ_1、λ_4、λ_3 的吸收值 A_{λ_2}、A_{λ_1}、A_{λ_4}、A_{λ_3}。得到 $\Delta A_{直} = A_{\lambda_2} - A_{\lambda_1}$，$\Delta A_{支} = A_{\lambda_4} - A_{\lambda_3}$。分别查两类淀粉的双波长标准曲线，即可计算出脱脂样品中直链淀粉和支链淀粉含量。二者之和等于总淀粉含量。

7.6 实验计算

$$直链淀粉（\%） = \frac{X_1 \times 50}{2.5 \times m \times 1000}$$

$$支链淀粉（\%） = \frac{X_2 \times 50}{2.5 \times m \times 1000}$$

式中，X_1 表示查双波长直链淀粉标准曲线得样液中直链淀粉含量（mg）；X_2 表示查双波长支链淀粉标准曲线得样液中支链淀粉含量（mg）；m 表示样品质量（g）。

$$总淀粉（\%） = 直链淀粉（\%） + 支链淀粉（\%）$$

实验8 叶绿体偶联因子（CF_1）提取及 ATP 酶活性测定

8.1 实验目的

了解经激活的 CF_1 的水解 ATP 酶的活性。

8.2 实验原理

叶绿体偶联因子（coupling factor，CF）是叶绿体的 ATP 酶，是绿色植物光合磷酸化反应的一种关键酶，与线粒体内膜上的 ATP 酶结构相似。CF 存在于叶绿体的类囊体膜上，由两部分组成：一个是镶嵌在膜内的亲脂性部分，称 CF_0；另一个暴露于类囊体表面的亲水性部分，称 CF_1。

在低盐浓度下，用 EDTA、NaBr 等化学物质可将 CF_1 从类囊体膜上洗脱，成为可溶性 CF_1。用适宜的抽提介质可使 CF_1 和膜分开来，再通过纯化、浓缩可得到较纯的 CF_1。CF_1 经激活处理可表现出需 Mg^{2+}-ATP

酶和需 Ca^{2+} ATP 酶活性。在暗处可水解 ATP 为 ADP 和 H$_3$PO$_4$，其活力大小可用反应终止后生成的无机磷含量衡量。

无机磷与钼酸铵结合生成磷钼酸铵（黄色沉淀）：

$$PO_4^{3-}+12MoO_4^{2-}+24H^+=(NH_4)_3PO_4 \cdot 12MoO_3 \cdot 6H_2O \downarrow +6H_2O$$

当有还原剂存在时，Mo^{6+} 被还原成 Mo^{4+}，此 4 价钼再与试剂中的其他 MoO^{2-} 结合成 Mo(MoO$_4$)$_2$ 或 Mo$_3$O$_8$ 呈蓝色，称为钼蓝。

在一定浓度范围内，蓝色的深浅和磷含量成正比，可用比色法测定。

8.3　实验器材

① 容量瓶 100 mL（×7）、50 mL（×7）

② 电子分析天平

③ 烧杯

④ 恒温水浴锅

⑤ 研钵

⑥ 石英砂

⑦ 试管 1.5 cm×15 cm（×9）

⑧ 高速冷冻离心机

⑨ 722 型（或 7220 型）分光光度计

⑩ 普通离心机

⑪ 吸管 0.5 mL（×2）、1.0 mL（×2）

⑫ 移液器 1000 μL、200 μL

⑬ 冰箱

⑭ 新鲜菠菜叶

⑮ 量筒 10 mL、100 mL

8.4　实验试剂

（1）60 mmol/L Na_2HPO_4 溶液：称取 $Na_2HPO_4 \cdot 12H_2O$ 2.1417 g，加蒸馏水溶解定容至 100 mL。

（2）10 mmol pH 7.5 磷酸缓冲液：预先配制 0.2 mol/L Na_2HPO_4 和 0.2 mol NaH_2PO_4 溶液，再按一定比例配制稀释而成（查有关缓冲液配比表）。

（3）0.2 mol/L Tris 溶液：称取 Tris 2.4280 g，加蒸馏水溶解定容至 100 mL。

（4）0.1 mol/L HCl 溶液：用浓 HCl 按比例稀释而成。

（5）10 mol/L H_2SO_4 溶液：用浓 H_2SO_4 按比例稀释。

（6）80％丙酮溶液：用丙酮加水稀释。

（7）10 mmol/L NaCl 溶液：称取 0.5884 g NaCl，加蒸馏水溶解定容至 100 mL。

（8）1 mmol/L EDTA 溶液：称取 0.0373 g EDTA，加蒸馏水溶解后定容至 100 mL。

（9）20％TCA 溶液：称取三氯乙酸 20 g，加蒸馏水溶解后定容至 100 mL。

（10）STN 溶液：称取 7.2393 g 蔗糖，0.0585 g NaCl，溶解在 40 mL pH 7.36 的 Tris 缓冲液中，加蒸馏水定容至 100 mL。

（11）反应介质液：称取 0.0558 g CaCl$_2$、0.1581 g NaCl、0.2936 g ATP，溶于少量蒸馏水中。再加入 31.57 mL 甲醇。最后用 pH 8.8 50 mmol/L Tris-HCl 缓冲液定容至 100 mL（冰箱保存）。

（12）10%硫酸-钼酸铵液：称取 10.6186 g 钼酸铵溶解在 100 mL 的 10 N（当量浓度为实验室习惯用语，本书为叙述方便，暂保留使用，下同）的硫酸中即成。

（13）硫酸-钼酸铵-硫酸亚铁溶液：称取 5.0015 g 硫酸亚铁，溶解于 10 mL 10%硫酸-钼酸铵溶液中，加蒸馏水 87.5 mL，混匀备用。临用时配制。

8.5 实验操作

1. 配制稀释溶液

（1）配制 50 mmol/L pH7.36 Tris-HCl 缓冲液：取 0.2 mol/L Tris 25.0 mL 溶液和 0.1 mol/L HCl 溶液 42.5 mL，加蒸馏水定容至 100 mL。

（2）配制 2 mmol/L pH7.96 Tris-HCl 缓冲液：取 0.2 mol/L Tris 25.0 mL 溶液和 0.1 mol/L HCl 溶液 30.0 mL，加蒸馏水定容至 100 mL。量取配制好的缓冲液取 4.0 mL，加蒸馏水定容至 100 mL。

（3）配制 50 mmol/L pH8.14 Tris-HCl 缓冲液：取 0.2 mol/L Tris 25.0 mL 溶液和 0.1 mol/L HCl 溶液 10.0 mL，加蒸馏水定容至 100 mL。

（4）取实验试剂（1）分别配制 10 mmol/L、20 mmol/L、30 mmol/L、40 mmol/L、50 mmol/L、60 mmol/L Na_2HPO_4 溶液。

2. 叶绿体偶联因子 CF_1 的提取

（1）叶绿体的制备：称取 10～15 g 新鲜菠菜叶（洗净去脉）。剪碎，放入研钵，加入石英砂若干，加 5 mL STN 溶液。研磨成匀浆，6 层纱布过滤到烧杯中。将滤液用离心机 1800 r/min 离心 2 min，去除沉淀，得上清液（含叶绿体），再经 3800 r/min 离心 15 min，弃上清液，沉淀为叶绿体。

（2）去除杂蛋白：沉淀的叶绿体用 10 mmol/L NaCl 溶液 15 mL 悬浮，室温搅动 15 min。完全胀破叶绿体后，用离心机 4200 r/min 离心 20 min。沉淀用 15 mL pH7.5 磷酸缓冲液悬浮，经匀浆器研匀，加 pH 7.5 磷酸缓冲液定容至 100 mL。从定容后的溶液中取 10 mL，加 pH 7.5 磷酸缓冲液定容至 100 mL。室温搅动 15 min。用高速冷冻离心机 17 000 g 离心 20 min。

（3）洗脱 CF_1：将叶绿体沉淀用 2 mmol/L pH 7.96 Tris-HCl 缓冲液悬浮，加少量 1 mmol/L EDTA 溶液稀释后，量取体积，记录，此为叶绿素溶液。用移液器吸取 50 μL 叶绿素溶液，加入 20 mL 80% 的丙酮溶液。以蒸馏水作为原点，叶绿素溶液用 722 型分光光度计在 652 nm 比色。测出的光密度值乘以 100/g 即为叶绿素含量（mg/mL）。根据其测定后的叶绿素浓度用 1 mmol/L EDTA 溶液稀释至溶液中叶绿素含量为

0.1 mg/mL。将此溶液在室温下搅动 30 min，再用高速冷冻离心机在 38 000 g 转速下离心 30 min。得到的淡绿色上清液即为 CF_1 的粗提液。

3. CF_1-ATP 酶活性的测定

（1）甲醇激活：用移液器取 200 μL CF_1 粗提液于试管中，加反应介质 1 mL。37℃保温 2 min，加 200 μL 20% TCA 溶液终止反应。

（2）对照管：用移液器取 200 μL CF_1 粗提液于试管中，加 20% TCA 1 mL。37℃保温 2 min，加 200 μL 2% TCA 溶液。

（3）酶活力测定：吸取 0.5 mL（1）中反应液为样品管，吸取（2）中 0.5 mL 为对照管，各加 2.5 mL 硫酸-钼酸铵溶液，混匀。在波长 660 nm 测 A_{660}。

（4）无机磷标准曲线：取 7 支试管，编号，每管加入 0.1 mL 20% TCA、0.3 mL H_2O 和 0.1 mL 浓度为 0 mmol/L、10 mmol/L、20 mmol/L、30 mmol/L、40 mmol/L、50 mmol/L、60 mmol/L 的 Na_2HPO_4 溶液，再分别加入 2.5 mL 硫酸-钼酸铵-硫酸亚铁溶液，混匀。在波长 660 nm 测 A_{660}，作标准曲线。

8.6　实验计算

根据从无机磷标准曲线上查出酶反应液所测得的 A_{660} 所代表的无机磷含量，计算出酶活力，以 μmol(Pi)/[mg(chl)·h]表示。

$$D = \frac{\text{Pi} \times 60}{0.1 \times 0.2 \times 2}$$

式中，Pi 表示反应生成的无机磷含量；0.1 表示稀释后溶液叶绿素浓度（0.1 mg/mL）；0.2 表示 CF_1-ATP 酶粗提液体积（200 μL）；2 表示反应时间（2 min）；60 表示时间换算系数；D 表示 CF_1-ATP 酶活力单位（μmol(Pi)/[mg(chl)·h]）。

实验 9　大蒜细胞 SOD 的提取分离及活力测定

9.1　实验目的

（1）学习超氧化物歧化酶的提取、分离方法。

（2）了解超氧化物歧化酶的活力测定方法。

9.2　实验原理

超氧化物歧化酶（SOD）是一种具有抗氧化、抗衰老、抗辐射和消炎作用的药用酶。它可催化超氧负离子（O_2^-）进行歧化反应，生成氧和过氧化氢：$2O_2^- + 2H^+ = O_2 + H_2O_2$。大蒜蒜瓣和悬浮培养的大蒜细胞中含有丰富的 SOD，通过组织或细胞破碎后，可用 pH 7.8 的磷酸缓冲液提取。由于 SOD 不溶于丙酮，可用丙酮将其沉淀析出。

9.3 实验器材

① 新鲜蒜瓣

② 研钵

③ 普通天平

④ 离心机

⑤ 水浴锅

⑥ 吸管 5 mL（×5），10 mL（×1），0.5 mL（×3）

⑦ 试管 15 cm×1.5 cm

9.4　实验试剂

（1）磷酸缓冲液：0.05 mol/L pH 7.8（用 0.05 mol/L Na_2HPO_4 和 0.05 mol/L NaH_2PO_4 以体积比 91.5：8.5 混合即可）。

（2）氯仿-乙醇混合溶剂：氯仿：无水乙醇＝3：5（V/V）。

（3）丙酮。

（4）碳酸盐缓冲液：0.05 mol/L pH 10.2（用 0.05 mol/L Na_2CO_3 和 0.05 mol/L $NaHCO_3$ 以体积比 6：4 混合即可）。

（5）EDTA 溶液：0.1 mol/L。

（6）肾上腺素液：2 mmol/L（或在药店、医院购买 1 mg/mL 盐酸肾上腺素注射液，取 1 mL 注射液加 1.33 mL 蒸馏水制得）。

9.5　实验操作

（1）组织或细胞破碎。称取 5～10 g 大蒜蒜瓣，置于研钵中研磨，使组织或细胞破碎。

（2）提取 SOD。将上述破碎的组织细胞，加入 2～3 倍体积的 0.05 mol/L pH 7.8 磷酸缓冲液，继续研磨搅拌 20 min，使 SOD 充分溶解到缓冲液中，然后用离心机在 5000 r/min 离心 15 min，弃沉淀，得上清提取液。

（3）去杂蛋白。将上述提取液取 5 mL 加入 2.5 倍体积的氯仿-乙醇混合溶剂，搅拌 15 min，用离心机 5000 r/min 离心 15 min，去杂蛋白沉淀，得粗酶液。

（4）取上述的粗酶液 5 mL 加入等体积的冷丙酮（用前冷却 4～10℃），搅拌 15 min，用离心机 5000 r/min 离心 15 min，得 SOD 沉淀。

将 SOD 沉淀溶于 10.0 mL 0.05 mol/L pH 7.8 磷酸缓冲液中，于水浴锅 55～60℃加热 15 min，然后用离心机 5000 r/min 离心 15 min，弃沉淀，得 SOD 酶液。

将上述提取液、粗酶液和酶液分别取样，测定各自样品的酶活力。

（5）酶活力测定。取 5 支试管，按下表分别加入各种试剂和各种样品液。提取液为样品管 1，粗酶液为样品管 2，酶液为样品管 3。

表 9-1　大蒜 SOD 酶活力测定

	空白管	对照管	样品管 1	样品管 2	样品管 3
碳酸缓冲液/mL	5.0	5.0	5.0	5.0	5.0
EDTA 液/mL	0.5	0.5	0.5	0.5	0.5
蒸馏水/mL	0.5	0.5	—	—	—
样品液/mL	—	—	0.5	0.5	0.5
混合均匀					
肾上腺素液/mL	—	0.5	0.5	0.5	0.5
A_{480nm}					
酶活力（单位）					

在加入肾上腺素前，充分摇匀并在 30℃ 水浴中预热 5 min 至恒温，加入肾上腺素（空白管不加），继续保温反应 2 min，然后立即测定各管在 480 nm 处的光密度，并记录之。

9.6　实验计算

按表 9-1 所示，对照管和空白管的光密度值分别定为 A 和 B。

在上述条件下，SOD 抑制肾上腺素自氧化的 50％ 所需的酶量定义为一个酶活力单位。即

$$酶活力（单位）= 2 \times (A - B) \times N/A$$

式中，N 表示样品稀释倍数；2 表示抑制肾上腺素自氧化 50％ 的换算系数（100％÷50％）。

实验 10　蛋白质等电点测定
——沉淀法和等电聚焦法的对比

蛋白质等电点测定——沉淀法

10.1　实验目的

了解蛋白质沉淀法测定蛋白质等电点的方法和意义。

10.2　实验原理

蛋白质是两性电解质。在蛋白质溶液中存在下列平衡：蛋白质分子的解离状态和解离程度受溶液酸碱度影响。当溶液的 pH 达到一定数值时，蛋白质颗粒上正负电荷的数目相等，在电场中，蛋白质既不向阴极移动，也不向阳极移动，此时溶液的 pH 称为此种蛋白质的等电点。不同蛋白质各有特异的等电点。在等电点，蛋白质的理化性质都有变化，可利用此种性质的变化测定各种蛋白质的等电点。最常用的方法是测定其溶解度最低时的溶液 pH。

　　本实验通过观察不同 pH 溶液中的溶解度以测定酪蛋白的等电点。用乙酸与乙酸钠（乙酸钠混合在酪蛋白溶液中）配置不同 pH 的缓冲液。向这些缓冲液中加入酪蛋白后，沉淀出现最多的缓冲液的 pH 即为酪蛋白的等电点。

10.3　实验器材

　　① 722 型（或 7220 型）分光光度计

　　② 水浴锅

　　③ 锥形瓶 100 mL（×1）

　　④ 容量瓶 100 mL（×1）

　　⑤ 吸管 0.5 mL（×1）、1.0 mL（×2）、2.0 mL（×1）、10.0 mL（×2）

　　⑥ 试管 1.5 cm×15 cm（×4）

10.4　实验试剂

　　(1) 0.4％酪蛋白乙酸钠溶液：称取 0.4 g 酪蛋白，置于 100 mL 锥形瓶内，用少量 40～50℃ 的温蒸馏水（40～50 mL）溶解酪蛋白。加入 10 mL 1 mol/L 乙酸钠溶液。把锥形瓶放到 50℃ 水浴中，并小心地旋转锥形瓶，直到酪蛋白完全溶解为止。将锥形瓶内的溶液全部转移到 100 mL 容量瓶内，加水至刻度，塞紧玻塞，混匀备用。

（2）1.00 mol/L 乙酸溶液（10 mL）。

（3）0.10 mol/L 乙酸溶液（10 mL）。

（4）0.01 mol/L 乙酸溶液（10 mL）。

10.5　操作

（1）取试管 4 支，按下表顺序分别精确加入各种试剂。

表 10-1　酪蛋白等电点测定表

试管号	蒸馏水/mL	0.01 mol/L 乙酸/mL	0.1 mol/L 乙酸/mL	1.0 mol/L 乙酸/mL
1	8.4	0.6	0	0
2	8.7	0	0.3	0
3	8.0	0	1.0	0
4	7.4	0	0	1.6

（2）将按表中加毕试剂的试管再分别加入酪蛋白的乙酸钠溶液 1 mL，加一管，摇匀一管。此时 1、2、3、4 管的 pH 依次为 5.9、5.5、4.7、3.5。在振荡器上振荡 1 min，在分光光度计 550 nm 处测光密度值。

10.6　实验计算

记录各管的光密度值，并以光密度值对 pH 作图，可得光密度-pH 曲线，曲线最高点对应的 pH 即为酪蛋白等电点。

蛋白质等电点测定——等电聚焦法

10.7　实验目的

（1）了解和掌握等电聚焦法测定蛋白质等电点的方法和意义。

（2）熟悉等电聚焦-聚丙烯酰胺凝胶平板电泳的操作方法。

10.8　实验原理

通电时蛋白质或其他两性物质（如酶）在比它的等电点 pH 大的溶液中带负电荷，向阳极移动；在等电点 pH 时不带电即净电等于零，故通电时不移动。等电聚焦即在电泳支持物（如聚丙烯酰胺凝胶）中放入载体两性电解质（ampholytes），当通电时，两性载体即形成一个由阳极到阴极逐步递增的线性 pH 梯度。当蛋白质放进此体系时，不同的蛋白质即开始移动，并聚焦于相当它的等电点 pH 梯度范围内。如果 pH 梯度稳定，对流扩散不存在（或极小）时，则蛋白质可聚焦成一个清楚的固定带，其位置主要是由蛋白质本身的等电点而定，故可将不同的蛋白质进行分离。聚丙烯酰胺凝胶在此等电聚焦系统中主要起着抗对流扩散作用。

10.9　实验器材

① 稳流稳压电泳仪（电压量程 1000V）一台

② 提篮式或其他式有机玻璃电泳槽（需配冷却循环水装置）一套

③ 脱色摇床

④ 烧杯 100 mL（×1）、50 mL（×1）

⑤ 吸管 5.0 mL（×1）、2.0 mL（×1）、1.0 mL（×3）、0.5 mL（×1）

⑥ 自动移液器（0～20 μL）（×1）

⑦ 培养皿 Ø15 cm（×2）

10.10　实验试剂

（1）凝胶储备液（acrylamide-Bis，30：0.8）：称取丙烯酰胺 30 g、甲叉双丙烯酰胺 0.8 g，加蒸馏水溶解定容到 100 mL。

（2）0.75% 过硫酸铵。

（3）1% TEMED。

（4）40% ampholine（载体两性电解质 pH3～10）。

（5）固定液：分别量取甲醇 181.6 mL、乙酸 36.8 mL、双蒸馏水 181.6 mL，混匀即成。

（6）染色液：称取考马斯亮蓝 R-250 约 1 g，溶于甲醇 181.6 mL、乙酸 36.8 mL、双蒸馏水 181.6 mL 混合液中即可。

（7）脱色液：分别量取甲醇 225 mL、乙酸 50 mL、双蒸馏水 225 mL，混匀即成。

（8）0.01 mol/L H_3PO_4。

（9）0.02 mol/L NaOH。

（10）4 mol/L 尿素。

（11）1％琼脂糖液。

（12）等电聚焦标准蛋白：购于 Pharmacia（见附录）。

（13）样品：酪蛋白或其他蛋白质样品。

10.11　实验操作

1. 制备聚丙烯酰胺凝胶等电聚焦薄板

（1）将固定好的有机玻璃框置于电泳槽上，用1％琼脂糖液封底，以防止漏水。

（2）制胶：在锥形瓶配置

① 凝胶储备液 1.34 mL

② 40％ ampholine 0.4 mL

③ 4 mol/L 尿素 4.0 mL

④ 1％ TEMED 0.8 mL

⑤ 双蒸馏水 0.86 mL

搅拌均匀，最后加入 0.75％过硫酸铵 0.6 mL，混匀后，用针筒灌胶，插入梳子，待凝。

2. 加样

胶凝后，用1％ ampholine 覆盖液覆盖各加样孔，用移液器分别取待测样品、Marker 各 20 μL，慢慢地分别加在相应的加样孔上。

3. 电泳

电泳槽的电极液分别为 0.02 mol/L NaOH（上槽，－）、0.01 mol/L H_3PO_4（下槽，＋）。以稳定电压 120V 电泳 15 min 再稳压约 800~1000V 电泳 2 h。

4. 凝胶电泳后处理

（1）固定：电泳结束，取下凝胶置于培养皿中，加入固定液，固定 30 min；

（2）染色：弃去固定液，加染色液，60℃染色 15 min；

（3）脱色：弃去染色液（可回收再次使用），加入脱色液，并根据脱色情况进行更换新脱色液，洗脱至条带清晰；

（4）量取各条带至顶端的距离（cm），在坐标纸上绘制距离-pH 曲线图。

10.11　实验计算

根据坐标图计算出样品等电点。

附录 等电聚焦标准蛋白质组成成分

蛋白质名称	等电点（pI）
trypsinogen	9.30
lentil lectin-based band	8.65
lentil lectin-middle band	8.45
lentil lectin-acid band	8.15
myoglobin-based band	7.35
myoglobin-based band	6.85
human carbonic anhydrase B	6.55
bovine carbonic anhydrase B	5.85
β-lactoglobulin A	5.20
soybean trypsin inhibitor	4.55

实验 11　茶叶中多种成分的鉴定

　　茶叶是世界四大饮料原料之一，其每年的消费量十分巨大。茶成为当今世界人民喜爱的饮料，因为茶不仅具有独特风味，而且对人体有营养价值和保健功效。茶具有预防衰老，提高免疫功能，改善肠道细菌结构和消臭、解毒等功效，是一种性能良好的机能调节剂。同时，茶还对多种疾病有一定的预防作用和辅助疗效。体现茶叶的营养价值和保健功能的主要成分是咖啡碱、多酚类化合物、维生素、矿质元素、氨基酸和其他一些含量较少的独特成分。下面选取茶的四种主要成分：维生素 C、茶多酚、氨基酸、生物碱作为研究对象，并以不同温度、不同时间冲泡，测定茶水中四种成分的含量，找出茶叶的最适冲泡条件，对于茶叶的合理冲泡提供科学的指导。

茶叶成分提取鉴定——维生素 C 的定量测定

11.1　实验目的

　　（1）了解维生素 C 的测定方法。

（2）了解茶叶中维生素 C 的基本含量。

11.2　实验原理

钼酸铵在一定条件下（有硫酸和偏磷酸根离子存在）与维生素 C 反应生成蓝色络合物。在一定浓度范围（样品控制浓度在 $25\sim250$ $\mu g/mL$）吸光度与浓度呈直线关系，在偏磷酸存在下，样品中存在的还原糖及其他常见的还原性物质均无干扰，因而专一性好，且反应迅速。

$$MoO_4^{2-} + 维生素 C \xrightarrow{HPO_2^-,\ H_2SO_4} Mo(MoO_4)_2 + 维生素 C$$

$$（还原型）\qquad\qquad\qquad 钼蓝\qquad（氧化型）$$

11.3　实验器材

① 分析天平

② 茶叶（市售）

③ 721 型（或 7220 型）分光光度计

④ 水浴锅

⑤ 试管 1.5 cm×15 cm（×10）

⑥ 吸管 0.1 mL（×2）、0.2 mL（×2）、0.5 mL（×2）、1.0 mL（×3）、2.0 mL（×1）、5.0 mL（×1）

⑦ 烧杯

11. 4　实验试剂

（1）标准维生素 C 溶液（0.25 mg/mL）：准确称取维生素 C 25 mg，用蒸馏水溶解，加适量草酸-EDTA 溶液，然后用蒸馏水稀释至 100 mL，放冰箱保存，可用一周。

（2）5％钼酸铵：5 g 钼酸铵加蒸馏水定容至 100 mL。

（3）硫酸（1∶19）：取 19 份体积蒸馏水加入 1 份体积硫酸。

（4）冰醋酸（1∶5）：取 5 份体积水加入 1 份体积冰醋酸。

（5）偏磷酸-乙酸溶液：取粉碎好的偏磷酸 3 g，加入 48 mL（1∶5）冰醋酸，溶解后加蒸馏水稀释至 100 mL，必要时过滤；此试剂放冰箱可保存 3 天。

11. 5　操作

1. 制作标准曲线

取试管 6 支，按表 11-1 进行操作。

表 11-1　维生素 C 的定量测定——标准曲线的制作

试剂 ＼ 管号	0	1	2	3	4	5
标准维生素 C 溶液（0.25 mg/mL）/mL	0	0.2	0.4	0.6	0.8	1.0
蒸馏水/mL	1.0	0.8	0.6	0.4	0.8	0

续表

试剂　　　　　　　　管号	0	1	2	3	4	5
草酸-EDTA/mL	3.5	3.5	3.5	3.5	3.5	3.5
偏磷酸-乙酸/mL	0.5	0.5	0.5	0.5	0.5	0.5
1:19硫酸/mL	1.0	1.0	1.0	1.0	1.0	1.0
5%钼酸铵/mL	2.0	2.0	2.0	2.0	2.0	2.0
摇匀后30℃水浴保温15 min						
维生素C含量（μg/mL）	0	50	100	150	200	250
$A_{670\ nm}$						

2. 提取

称取茶叶 1~2 g 样品 4 份置于 4 个烧杯中，分别加入 100 mL 85℃和 100 mL 100℃水后，分别再各浸泡 3 min 和 6 min，过滤，待测。

3. 取样测定

准确吸取每个样品的过滤液 1.0 mL，按标准曲线顺序加入试剂，同样反应条件、操作步骤，测定 $A_{670\ nm}$ 维生素 C 含量。在标准曲线上查得其相应维生素 C 含量。

11.6　实验计算

$$m = \frac{m_0 V_1}{m_1 V_2 \times 10^3} \times 100$$

式中，m 为 100 g 样品中维生素 C 的质量（mg）；m_0 为查标准曲线所得维生素 C 质量（μg）；V_1 为稀释总体积；m_1 为称样质量（g）；V_2 为测定时取样体积（mL）；10^3 为 μg 换算成 mg。

茶叶成分提取鉴定——茶多酚的定量测定

11.7 实验目的

（1）了解茶多酚的生物学功能。

（2）了解和掌握测定茶多酚的方法。

11.8 实验原理

茶多酚（tea polyphenols）是茶叶中多酚类物质的总称，包括黄烷醇类、花色苷类、黄酮类、黄酮醇类和酚酸类等。其中以黄烷醇类物质（儿茶素）最为重要。茶多酚又称茶鞣或茶单宁，是形成茶叶色香味的主要成分之一，也是茶叶中有保健功能的主要成分之一。茶叶中含有丰富的茶多酚。茶多酚等活性物质具解毒和抗辐射作用，能有效地阻止放射性物质侵入骨髓，并可使锶 90 和钴 60 迅速排出体外，茶多酚还能清除体内过剩的自由基，阻止脂质过氧化，提高机体免疫力，延缓衰老。

根据检验标准规定，在茶叶水浸出物中与亚铁离子产生络合反应的酚性化合物均称茶多酚。

茶多酚类物质能与亚铁离子形成紫蓝色络合物，可用分光光度法测定其含量。

11.9　实验器材

① 茶叶（市售）

② 分析天平

③ 722 型（或 7220 型）分光光度计

④ 烧杯

⑤ 电炉 250 mL（×4）

⑥ 吸管 1.0 mL（×4）、5.0 mL（×4）

⑦ 容量瓶 25 mL（×4）

11.10　实验试剂

（1）酒石酸亚铁溶液：称取 1 g 硫酸亚铁和 5 g 酒石酸钾钠，用水溶解并定容至 1 L（溶液应避光，低温保存，有效期一个月）。

（2）pH 7.5 磷酸盐缓冲液。

① 1/15 mol/L 磷酸氢钠：称取 23.377 g 磷酸氢二钠，加水溶解后定容至 1 L。

② 1/15 mol/L 磷酸二氢钾：称取 9.078 g 磷酸二氢钾，加水溶解后定容至 1 L。

取上述 1/15 mol/L 的磷酸氢二钾溶液 85 mL 和 1/15 mol/L 的磷酸二氢钾溶液 15 mL 混合均匀。

11.11　实验操作

1. 提取

称取茶叶 1~2 g 样品 4 份置于 4 个烧杯中，分别加入 100 mL 85℃ 和 100 mL 100℃ 水后，分别再各浸泡 3 min 和 6 min，过滤，待测。

2. 取样

准确吸取上述各待测溶液 1.0 mL，加入 25 mL 的容量瓶中，加水 4 mL，酒石酸亚铁溶液 5 mL，充分混合，再加 pH 7.5 的磷酸盐缓冲液并定容至 25 mL。另取一只容量瓶，取 1.0 mL 蒸馏水代替样品，其余操作同样品，作空白管。

3. 测定

取上述溶液，用 10 mm 比色杯，在波长 540 nm 处，以试剂空白溶液作参比，测定吸光度 A_{540}。记录测定值。

11.12　计算

茶叶中茶多酚的含量以干态质量百分率表示，按下式计算：

$$茶多酚(\%) = \frac{A \times 1.957 \times 2 L_1}{100 L_2 \times M \times m} \times 100$$

式中，L_1 为试液的总量（mL）；L_2 为测定时的用液量（mL）；M 为试样的质量（g）；m 为试样干物质含量百分率（%）；A 为试样的吸光度；1.957 表示用 10 mm 比色杯，当吸光度等于 0.50 时，每毫升茶汤中含茶多酚相当于 1.957 mg。

茶叶成分提取鉴定——氨基酸的定量测定

11.13　实验目的

了解测定茶叶中氨基酸的含量的方法。

11.14　实验原理

茶叶中含有一定量的游离和结合氨基酸，通过浸泡可以从叶片上溶解在水中，可以用茚三酮方法进行定量测定。茚三酮溶液与氨基酸共热，生成氨。氨与茚三酮和还原型茚三酮反应，生成紫色化合物。该化合物颜色的深浅与氨基酸的含量成正比，可通过测定 570 nm 处的光密度，测定氨基酸的含量。

11.15　实验器材

① 722 型（或 7220 型）分光光度计

② 水浴锅

③ 试管 1.5 cm×15 cm（×10）

④ 烧杯

⑤ 吸管 0.2 mL（×1），0.5 mL（×1），1.0 mL（×5），5 mL（×2）

11.16　实验试剂

（1）标准氨基酸溶液：配制成 200 $\mu g/mL$ 溶液。

（2）pH 5.4、2 mol/L 乙酸缓冲液：量取 86 mL 2 mol/L 乙酸钠溶液，加入 14 mL 2 mol/L 乙酸混合而成，用 pH 检查校正。

（3）茚三酮显色液：称取 85 mg 茚三酮和 15 mg 还原型茚三酮，用 10 mL 乙二醇甲醚溶解。茚三酮若变为微红色，则需按下法重结晶：称取 5 g 茚三酮溶于 15～25 mL 热蒸馏水中，加入 0.25 g 活性炭，轻轻搅拌；加热 30 min 后趁热过滤，滤液放入冰箱过夜；次日析出黄白色结晶，抽滤，用 1 mL 冷水洗涤结晶，置干燥器干燥后，装入棕色玻璃瓶保存。

还原型茚三酮按下法制备：称取 5 g 茚三酮，用 125 mL 沸蒸馏水溶解，得黄色溶液；将 5 g 维生素 C 用 250 mL 温蒸馏水溶解，一边搅拌一边将维生素 C 溶液滴加到茚三酮溶液中，不断出现沉淀；滴定后继续搅拌 15 min，然后在冰箱内冷却到 4℃，过滤，沉淀用冷水洗涤 3 次，置五氧化二磷真空干燥器中干燥保存，备用。

乙二醇甲醚若放置太久，需用下法除去过氧化物：在 500 mL 乙二醇甲醚中加入 5 g 硫酸亚铁，振荡 1～2 h，过滤除去硫酸亚铁，再经蒸馏，收集沸点为 121～125℃的馏分，为无色透明的乙二醇甲醚。

（4）60％乙醇。

（5）样品液：每毫升含 0.5～50 μg 氨基酸。

11. 17 实验操作

1. 标准曲线的制作

分别取 200 μg/mL 的标准氨基酸溶液 0 mL、0.2 mL、0.4 mL、0.6 mL、0.8 mL、1.0 mL 于试管中，用水补足至 1 mL。各加入 1 mL pH 5.4 2 mol/L 乙酸缓冲液；再加入 1 mL 茚三酮显色液，充分混匀后，盖住试管口，在 100℃水浴中加热 15 min，用自来水冷却。放置 5 min 后，加入 3 mL 60％乙醇稀释，充分摇匀，用分光光度计测定 OD_{570}。（脯氨酸和羟脯氨酸与茚三酮反应呈黄色，应测定 OD_{440}）

以 OD_{570}为纵坐标，氨基酸含量为横坐标，绘制标准曲线。

2. 氨基酸样品制备

称取茶叶 1～2 g 样品 4 份置于 4 个烧杯中，分别加入 100 mL 85℃和 100 mL 100℃水后，分别再各浸泡 3 min 和 6 min，过滤，待测。

3. 氨基酸样品的测定

取 4 支试管，从茶叶提取液中各取样品液 1 mL（如样品溶液浓度过大，可按比例稀释），加入 pH 5.4 2 mol/L 乙酸缓冲液 1 mL 和茚三酮显色液 1 mL，混匀后于 100℃沸水浴中加热 15 min，自来水冷却。放置 5 min后，加 3 mL 60％乙醇稀释，摇匀后测定 OD_{570}（生成的颜色在 60 min内稳定）。

将样品测定的 OD_{570} 与标准曲线对照，可确定样品中氨基酸含量。

10.8　实验计算

$$M = \frac{A \times V \times B}{W \times 1000} \times 100$$

式中，M 为 100 g 茶叶中氨基酸的含量（mg）；A 为样品溶液在标准曲线上查出的氨基酸量（μg）；V 为测定时样品溶液体积（mL）；B 为样品稀释倍数；W 为茶叶质量（g）；1000 指 μg 换算成 mg。

茶叶成分提取鉴定——生物碱（咖啡因）的提取

11.19　实验目的

（1）了解生物碱提取纯化的原理和方法。

（3）掌握升华原理及其操作。

11.10　实验原理

　　咖啡因具有刺激心脏、兴奋大脑神经和利尿作用，主要用作中枢神经兴奋剂。它也是复方阿司匹林（A. P. C）等药物的组分之一。现在制药工业多用合成方法来制取咖啡因。咖啡因为嘌呤的衍生物，其化学名称为 1,3,7-三甲基-2,6-二氧嘌呤，属黄嘌呤衍生物。其结构与茶碱、可可碱类似。茶叶中含有多种生物碱，其中以咖啡碱即咖啡因为主，约占 1％～5％，并含有少量茶碱和可可豆碱。咖啡因结构式如下：

$$\text{咖啡因结构式}$$

　　咖啡因是弱碱性化合物。味苦，能溶于氯仿、水、乙醇等溶液中。咖啡因含结晶水时为白色针状结晶，在 100℃时失去结晶水并开始升华，在

120℃时升华相当显著，至 178℃ 时升华很快。无水咖啡因的熔点为 234.5℃，是弱碱物质。可可豆碱学名为 3,7-二甲基-2,6-二氧嘌呤，在茶叶中含量约 0.05％，熔点为 342～343℃，在 290℃ 升华。茶碱的化学称为 1,3-二甲基-2,6-二氧嘌呤，与可可豆碱互为同分异构体，熔点为 273℃。

　　升华是纯化固体有机物的方法之一。某些物质在固态时有相当高的蒸气压，当加热时不经过液态而直接气化，蒸气遇冷则凝结成固体，这个过程叫升华。利用升华法可除去样品中难挥发性杂质或分离具有不同挥发度的固体混合物。升华得到的产品有较高的纯度，这种方法特别适用于纯化易潮解或与溶剂易分解的物质。

11. 21　实验器材

① 蒸发皿

② 酒精灯

③ 三角架

④ 玻璃棒

⑤ 普通天平

⑥ 石棉网

⑦ 滤纸

⑧ 棉花

⑨ 研钵

⑩ 玻璃漏斗

⑪ 茶叶（市售）

11.22　实验试剂

（1）工业酒精。

（2）生石灰粉。

11.23　实验操作

（1）称取 10 g 干茶叶、3.5 g 生石灰混合放入研钵，研磨成粉末，置一蒸发皿于酒精灯上小火焙炒至浅黄色，以使水分全部除去，冷却后将沾在蒸发皿边上的粉末用滤纸擦去，以免升华时污染产物。

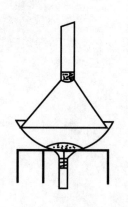

（2）在蒸发皿上盖一张用大头针刺有许多小孔的圆形滤纸，取一个合适的玻璃漏斗罩在滤纸上，漏斗的颈部塞一点棉花，减少蒸气逃逸。在石棉网上用酒精灯小心加热，逐渐升温，尽可能使升华速度慢一些，提高结晶纯度。咖啡因蒸气通过纸孔遇到漏斗内壁冷却，直到冷凝为固体，附着在漏斗内壁和滤纸上。当滤纸上出现大量白色晶体时，停止加热，揭开漏斗和滤纸，观看咖啡因的颜色形状，仔细用小刀将附在其上的咖啡因刮下，收集。

纯净的咖啡因为熔点 236℃ 的白色针状晶体。

11. 24　实验计算

将产品称重、记录、计算产率。

$$M = \frac{n}{W} \times 100$$

式中，M 为 100 g 茶叶中所含咖啡因的质量（g）；N 为提取的咖啡因量（g）；W 为实验用茶叶量（g）。

实验 12 荧光蛋白质——螺旋藻藻蓝蛋白的提取和鉴定

藻蓝蛋白（phycocyanin）是某些藻类特有的重要捕光色素蛋白，在螺旋藻（*Spirulina platensis*）中含量 15% 左右。藻蓝蛋白既是一种蛋白质，又是一种极好的天然食用色素，另外，藻蓝蛋白还具有刺激红细胞集落生成，类似红细胞生成素（epo）的作用。因此，它既可以作为药品生产的原料，也可以作为食品工业的色素、保健食品的生产原料。

藻蓝蛋白是从螺旋藻中分离纯化的，能发出强烈的荧光，具有很好的吸光性能和很高的量子产率，在可见光谱区有很宽的激发及发射范围。用常规的标记方法可以很方便地将其与生物素、亲和素和各种单克隆抗体结合起来制成荧光探针，用于免疫检测、荧光显微技术和流式细胞荧光测定等临床诊断及生物工程技术。

螺旋藻已大量人工繁殖，可从中分离、制备藻蓝蛋白。

螺旋藻粗藻蓝蛋白的制备

12.1　实验目的

了解并掌握粗藻蓝蛋白的提取方法。

12.2　实验原理

螺旋藻属蓝藻的一种，在进化上比较古老，该藻的藻体结构简单，由多细胞蓝绿色丝状体组成，含丰富的蛋白质，该蛋白质呈蓝色所以又称为藻蓝蛋白。将藻粉在磷酸缓冲液中性条件下反复冻融，使藻蓝蛋白从螺旋藻细胞中分离出来，经离心机离心、冻干得藻蓝蛋白粗品。藻蓝蛋白的纯度常用 A_{620}/A_{280} 的比值来表示，比值越大，则纯度越高。

12.3　实验器材

① 螺旋藻干粉（市售）

② UV-9100 型紫外可见分光光度计

③ 高速冷冻离心机

④ 分析天平

　⑤ 冻干机

　⑥ 试管（15 mm×150 mm）（×10）

　⑦ 吸管

12.4　实验试剂

（1）磷酸缓冲液（50 mmol/L pH 7.3）。

（2）福林-酚试剂（参考有关生化实验书）

12.5　实验操作

（1）准确称取螺旋藻干粉 10.0 g，加入 200.0 mL 磷酸缓冲液，搅拌均匀后放入低温冰箱冰冻，待全部结冰后取出放置 20℃化冻。如此反复三次。

（2）最后的化冻液在 4℃、10 000~12 000 r/min 离心 30 min，收集上清液。

（3）将上清液放置低温冰箱中冷冻结冰后，放到冻干机上冻干。

（4）将冻干粉称重、记录。

（5）取样分别用分光光度计测定 280 nm 和 620 nm，并计算 A_{620}/A_{280} 的比率。

（6）取样用福林（folin）-酚法测定蛋白质浓度，计算蛋白质得率。

离子交换层析法分离藻蓝蛋白

12.6　实验目的

了解并掌握藻蓝蛋白的一种分离方法。

12.7　实验原理

藻蓝蛋白是一种色素蛋白，在一定条件下可使其带负电荷，可用阴离子交换剂 DEAE 纤维素进行分离纯化。

12.8　实验器材

① 藻蓝蛋白粗制品

② UV-9100 型紫外可见分光光度计

③ 核酸蛋白检测仪

④ 玻璃层析柱

⑤ DEAE52 纤维素

⑥ 透析袋

⑦ 梯度混合仪

⑧ 分析天平

⑨ 冻干机

⑩ 试管（15 mm×150 mm）（×10）

⑪ 吸管

12.9　实验试剂

（1）磷酸缓冲液（10 mmol/L pH7.3）。

（2）0.2N HCl。

（3）0.2N NaOH。

（4）NaCl。

（5）硫酸铵。

（6）福林-酚试剂（参考有关生化实验书）。

12.10　实验操作

（1）取一定量的 DEAE，先用 0.2 mL 的 NaOH 溶液 2 倍量体积浸泡，并不断搅拌 3~4 h，蒸馏水洗至 pH7~8。再用 2 倍体积 0.2 mL HCl 浸泡，并不断搅拌 1~2 h，蒸馏水洗至 pH5~6。再用 0.2 N NaOH 处理操作同前。

（2）将处理好的纤维素装层析柱，装后先用 10 mmol/L pH7.3 磷酸缓冲液平衡；待柱子流出液 pH 为 7.3 时，将离心上清液上柱，接上检测仪，280 nm 检测；待上样结束后，再用平衡缓冲液洗涤，洗涤至基线；

改用 10 mol/L 磷酸缓冲液并加 0.2 mol 和 0.6 mol NaCl 梯度洗脱。分步洗脱和收集，取 0.3 mol 的 NaCl 洗脱峰部分，量体积，留样待测。

（3）按上述体积加固体硫酸铵至 80％ 饱和度，放至 4℃ 冷藏 8～10 h，4000 r/min 离心 15 min；收集沉淀，加少量蒸馏水溶解，装透析袋，对蒸馏水透析 24 h，期间分别换水 3～4 次；透析结束；量体积，留样待测。

（4）透析好的样液在冻干瓶中预冻成冰后，在冻干机上冷冻干燥；冻干后称重，计算得率。

（5）准确称取 5～10 mg 样品用蒸馏水溶解于 10 mL 容量瓶中，分别测 280 nm 和 620 nm，并计算 A_{620}/A_{280} 的比率。

（6）取样用福林（folin）-酚法分别测定蛋白质浓度，计算各步骤蛋白质得率。

实验 13　一种未知二肽的序列分析

13.1　实验目的

掌握分析及测定一种未知二肽的氨基酸组成和序列的基本原理和方法。

13.2　实验原理

一种特定的二肽经过完全水解（酸水解或碱水解）以后，其水解产物为游离的氨基酸。而游离的氨基酸产物的性质可以通过 HPLC 或纸层析进行分析、鉴定，这种二肽的氨基酸组成就能被确定出来。本次实验只使用酸水解和纸层析。要搞清楚构成这种二肽的两个氨基酸的排列顺序，只需要确定 N-端的氨基酸性质就可以了，因为余下的另外一个氨基酸必然在 C-端。确定 N-端的氨基酸可以使用 Edman 试剂、Sanger 试剂或丹黄酰氯与 N-端游离的氨基起反应，然后再分析得到的 N-端被这些试剂修饰产生的修饰氨基酸的性质就行了。

13.3　实验器材

① 熔点毛细管

② UV 检测灯

③ 小的表面皿

④ 烧杯

⑤ 烘箱

⑥ 注射器（50 μL）

⑦ 恒温水浴锅

⑧ 锥形离心管（12 mL）

⑨ 层析滤纸（20 cm×20 cm）

⑩ 纸层析槽

⑪ 订书机

⑫ 尺子

⑬ 碳氢膜

⑭ 薄层层析用的聚酰胺滤膜

⑮ 吹风机

13.4　实验试剂

（1）1 mg 未知的二肽。

（2）6 mol/L 盐酸。

（3）标准氨基酸溶液（1%）。

（4）纸层析溶剂：乙腈∶0.1 mol/L 乙酸铵（60∶40），pH 4.0 或 pH 5.0。

（5）茚三酮喷洒液（0.1%水合茚三酮正丁醇溶液）。

（6）丹黄酰氯溶液（5 mg/mL 丙酮）。

（7）0.2 mol/L 碳酸氢钠溶液。

（8）1∶1 丙酮/6 mol/L 盐酸混合液。

（9）层析溶剂

① 溶剂 1：甲酸∶水（1.5∶100）；

② 溶剂 2：甲苯∶乙酸（10∶1）；

③ 溶剂 3：乙酸乙酯∶甲醇∶乙酸（2∶1∶1）。

13.5　实验操作

1. 未知二肽的酸水解

将 1～2 mg 的未知二肽样品放入到一只小的表面皿上，然后使用微量注射器加入 0.05 mL 6 mol/L 的盐酸将其溶解。随后，再使用注射器将二肽溶液转移到熔点毛细管内后在酒精灯上封口。将装有二肽溶液的密闭毛细管放到一个小的烧杯内，将烧杯放入烘箱，加热到 100℃并维持 12 h 以上。

用剪刀切开毛细管，将酸水解物转移到表面皿上。将表面皿放在加热器上缓慢加热，以将液体蒸发掉。再加入 0.1 mL 的蒸馏水，重复一次蒸发过程。最后，再加入 0.1 mL 的蒸馏水溶解留在表面皿上的水解物。

2. 水解产物的纸层析分析

（1）将盛有平衡溶剂的小烧杯置于密闭的层析缸中。

（2）取一张层析滤纸。在纸的一端距边缘 2~3 cm 处用铅笔划一条直线，在此直线上间隔 2 cm 作一个记号。

（3）用毛细管将酸水解物和标准氨基酸样品分别点在 2 个位置上，干后再点一次。每点在纸上扩散的直径最大不超过 3 mm。

（4）扩展。

（5）用喷雾器均匀喷上 0.1% 茚三酮正丁醇溶液，然后置烘箱中烘烤 5 min（100℃）或用热风吹干即可显出各层析斑点。

（6）计算各种氨基酸的 R_f 值。

$$R_f = \frac{点样原点中心到层析点中心距离(r)}{点样原点中心到溶剂前沿距离(R)}$$

3. N-端氨基酸的鉴定

（1）将 1 mg 未知二肽转移到一只锥形离心管中，用 0.5 mL 的 0.2 mol/L 碳酸氢钠溶液溶解。加入 0.2 mL 的丹黄酰氯/丙酮溶液，用碳氢膜包裹后置于室温 2 h 反应。

（2）反应结束后，使用真空法干燥。

（3）使用 0.5 mL 的丙酮/6 mol/L 盐酸混合液溶解冻干物。

（4）将溶解物转移到熔点毛细管内进行酸水解，并对水解物进行蒸发处理（同未知二肽的酸水解）。

（5）将蒸发处理后留在表面皿上的物质溶解在约 10 μL 的吡啶/乙醇溶液中。

（6）用微量注射器将溶解液点在距离聚酰胺滤膜边缘 1 cm 的位置，注意点样点的直径不能超过 3～4 mm。

（7）使用吹风机吹干点样点。

（8）在滤膜的相反的一侧距离边缘 1 cm 的相同位置，点上 1 μL 标准的丹黄酰氨基酸混合物，用吹风机吹干。

（9）将将点好样的滤膜卷成半筒形，立在含有溶剂 1 的培养皿中，原点应在下端。盖好层析缸，上行展层，当溶剂前沿距滤纸上端 1～2 cm 时，取出滤膜，两面用冷风吹干。

（10）戴上防护眼镜，在紫外灯观察，可看到蓝绿色条带。

（11）将滤膜转 90°，再卷成半筒形，竖立在干净培养皿中，加入溶剂 2 进行第 2 向展层。展层毕，取出滤纸，用热风吹干，在紫外灯下观察，会发现某些蓝色条带和绿色条带出现分离。

（12）如果还鉴定不了，将滤膜吹干后，放入溶剂 3 继续进行展层，方向与溶剂 2 一样。

13.6　结果分析

1. 纸层析分析结果分析

各种氨基酸都有其特征的 R_f 值，因此可根据 R_f 值来鉴定酸水解产生的是何种氨基酸。

2. N-端氨基酸结果分析

在展层完成以后，在紫外灯下可观察到三个荧光区域：一个是位于滤膜底部的蓝色荧光区，它代表的是丹黄酰氯的水解产物——丹黄酸；一个是位于距离滤膜边缘 1/3～1/2 的呈蓝绿色的荧光区，它代表的是丹黄酰胺——丹黄酰氯与铵反应的产物；一个是绿色的荧光区，它代表的是各种丹黄酰氨基酸。根据标准的丹黄酰氨基酸的位置，可以判定未知二肽的 N-端氨基酸是何种氨基酸。

实验 14　使用凝胶过滤层析研究蛋白质与配体之间的相互作用

14.1　实验目的

（1）了解不同的蛋白质与相应的配体之间发生的各种形式的相互作用。

（2）掌握凝胶过滤法研究蛋白质与配体之间的相互作用的基本原理和用途。

14.2　实验原理

酚红是一种染料，它可以作为配体与牛血清蛋白（BSA）结合。凝胶过滤层析根据大小来分离不同的分子。分子按照先大后小的次序离开层析柱。因此，游离的酚红分子和与 BSA 结合的酚红分子流出层析柱的次序是不同的，显然前者最后流出层析柱。由于酚红对特定的波长具有光吸收，所以很容易进行定量分析。而且，如果将 BSA 的量固定，可测定不同量的酚红与 BSA 的结合情况，在此基础上可以测定出它们之间的解离常数或亲和常数。另外，如果改变结合条件下的 pH，可以研究 pH 的变化对两者结合的影响。

14.3　实验器材

① 层析柱（1.5 cm×1.5 cm）

② 分光光度计

③ 比色杯

④ 部分收集器

14.4　实验试剂

（1）BSA。

（2）不同 pH（4.0，4.5 和 5.0）的 0.1 mol/L 的乙酸缓冲液。

（3）不同 pH（6.0，7.0 和 8.0）的 0.1 mol/L 的磷酸缓冲液。

（4）溶解在不同缓冲溶液中的酚红溶液，1 g/100 mL。

（5）Sephadex G-25。

14.5　实验操作

1. Sephadex G-25 的处理

将干胶颗粒悬浮于 5～10 倍量的蒸馏水或洗脱液中充分溶胀，溶胀之后将极细的小颗粒倾泻出去。自然溶胀费时较长，加热可使溶胀加速，即在沸水浴中将湿凝胶浆逐渐升温至近沸，$1\sim2$ h 即可达到凝胶的充分胀溶。

2. 装柱及平衡

（1）装柱前，必须用真空干燥器抽尽凝胶中空气，并将凝胶上面过多的溶液倾出。

（2）先关闭层析柱出水口，向柱管内加入约 1/3 柱容积的洗脱液，然后边搅拌，边将薄浆状的凝胶液连续倾入柱中，使其自然沉降，等凝胶沉降约 $2\sim3$ cm 后，打开柱的出口，调节合适的流速，使凝胶继续沉集，待沉集的胶面上升到离柱的顶端约 5 cm 处时停止装柱，关闭出水口。

（3）凝胶柱的平衡。通过 $2\sim3$ 倍柱床容积的洗脱液使柱床稳定，然后在凝胶表面上放一片滤纸或尼龙滤布，以防将来在加样时凝胶被冲起，并始终保持凝胶上端有一段液体。

3. 上样

（1）准备好分部收集器。

（2）打开柱上端的螺丝帽塞子，吸出层析柱中多余液体直至与胶面相切。沿管壁将样品溶液小心加到凝胶床面上，应避免将床面凝胶冲起，打开下口夹子，使样品溶液流入柱内，同时收集流出液，当样品溶液流至与胶面相切时，夹紧下口夹子。

　　按照下表所示的量，制备 6 管 BSA 与酚红的混合液，注意要温和但充分的混合。用自动移液枪从每管取 250 μL 混合液，分别上样到 6 只 Sephadex G-25 层析柱上。

试剂 \ 管号	1	2	3	4	5	6
BSA/mg	20	20	20	20	20	20
乙酸缓冲溶液/mL	0.95	0.90	0.80	0.70	0.60	0.40
酚红溶液/mL	0.05	0.10	0.20	0.30	0.40	0.60

4. 洗脱

　　随着有色的溶液进入凝胶，先加入几滴缓冲液洗去凝胶上方的反应混合物。随后在柱的顶部不断加入缓冲液，同时在底部收集洗脱液，每管 1 mL，流速控制在 1 滴/2s。直到黄色的染料完全被洗出，即停止收集。在每个收集管中，加入 200 μL 1 mol/L 的 NaOH 溶液，以便将收集液变成颜色更强的红色。

5. 测量 OD_{520}

　　使用分光光度计测定各管收集液的 OD_{520}。注意要用乙酸缓冲液作为空白调零。

6. 测定不同 pH 对 BSA 与酚红结合的影响

选择好一定量的 BSA 和一定量的酚红，测定在 pH 4.0～8.0 的范围内的结合情况。

14.6　结果分析

1. 酚红-BSA 混合物的洗脱

根据记录的 OD_{520}，以收集管数为横坐标，相应的 OD_{520} 为纵坐标作图，观察有几个吸收峰，每一个吸收峰代表的组分是什么？BSA 位于哪一个吸收峰？

2. 结合曲线的绘制

有两种绘制曲线的方法：

（1）v 对 [L] 的直接作图。式中，v 表示与 BSA 结合的酚红的量；[L] 是总的酚红的量，包括结合的酚红和游离的酚红。v 可以通过以下公式估算出来：

$$结合的酚红（\%）= \frac{吸收峰 1 的总 OD_{520} 或面积}{吸收峰 2 的总 OD_{520} 或面积 + 吸收峰 1 的总 OD_{520} 或面积}$$

（2）$v/[L]$ 对 v 的作图，这种作图称为 Scatchard 作图。

3. pH 对结合的影响

以 pH 为横坐标，结合的百分数为纵坐标作图，根据得到的曲线，找出结合的最适 pH。

实验 15　Anfinsen 实验的重复和改进

15.1　实验目的

（1）重复科学大师 Anfinsen 的经典实验，提出改进措施。

（2）以牛胰核糖核酸酶作为研究对象，通过体外变性、复性实验，验证"蛋白质一级结构决定高级结构，而高级结构决定生物学功能"的假说。

15.2　实验原理

蛋白质的高级结构由其一级结构决定的学说最初由 C. B. Anfinsen 于 1954 年提出。为了研究蛋白质的折叠过程，Anfinsen 选用了牛胰核糖核酸酶作为研究对象，一方面是因为这种酶的催化能力完全由三维构象决定，另一方面这种酶也是当时条件下非常容易获得的。他采用的方法则是在体外将已折叠好的蛋白质去折叠，再观察它的折叠过程。

Anfinsen 在高纯度的牛胰核糖核酸酶中先后加入 0.2 mol/L 巯基乙

醇和 8 mol/L 尿素（pH 为 8.5），23～24℃反应 4.5 h，使得酶分子内部的二硫键和次级键全部被破坏，从而完全破坏了该蛋白质的三维结构，使之成为无规则的卷曲状，对它的物理性质进行分析的结果表明，它确实已经以无规则卷曲的状态存在。

上述的产物在 −5℃ 的条件下用丙酮沉淀后，用冷甲醚反复洗涤，以除去残余的巯基乙醇和尿素。再将获得的已变性的酶以 1 mg/mL 的浓度加入 0.01 mol/L（生理浓度）磷酸缓冲液中，在室温下不断通入空气，反应 68 h 后，测得有 12%～19% 酶恢复了活力。

以上步骤中的酶活力测定则使用酶降解酵母核酸，再使用分光光度计测定水解出的核苷酸量，从而得到酶的相对活力。

虽然牛胰核糖核酸酶有 8 个 Cys 残基，形成 4 个二硫键，若随机组合，一共有 105 种可能，但只有一种组合是有生理活性的。如果蛋白质的高级结构是由一级结构决定的，则去折叠的蛋白质在合适的条件下重新折叠必将得到与去折叠前的蛋白质具有同样的生理功能。所以，通过以上实验的结果，可以看出变性失活的蛋白质在氧化条件下二硫键可以自发重新按照固定的组合形成，而其他的三维结构也得以恢复，从而蛋白质恢复了生理活性，这便证明了蛋白质正确折叠所需要的所有信息全部存在于它的一级结构之中。

15.3　实验器材

① 恒温水浴锅

② 电子天平

③ 紫外分光光度计及配套的石英比色皿

④ 1 mL 加样枪

⑤ pH 计

⑥ 层析柱及凝胶过滤设备

⑦ 自动分部收集器

⑧ 增氧泵

⑨ 电加热设备

⑩ 烘箱

15.4　实验试剂

（1）300 mg 牛胰核糖核酸酶。

（2）300 mg 酵母 RNA。

（3）二硫苏糖醇。

（4）8 mol/L 尿素溶液。

（5）Sephadex G-25。

（6）20％磺基水杨酸。

（7）磷酸钠缓冲液。

（8）乙酸钠缓冲液。

（9）乙酸双氧铀/高氯酸。

（10）100 mL 石蜡油。

15.5　实验操作

1. 蛋白质溶液配制

将购买的牛胰核糖核酸酶，适量溶解在乙酸钠缓冲溶液（0.10 mol/L，pH 5.0）中，得溶液 A。

2. 酶活力的测定

取适量酶与酵母 RNA 反应，提取产物测其吸光度以确定酶活力。具体步骤为：将 1 mL 的溶液 A 与 1 mL 1% 的 RNA 溶液混合，在 37℃ 保温 4 min 后，加入 1 mL 乙酸双氧铀/高氯酸混合液终止反应。将反应液转移到冰浴，冷却 5 min。离心后，取 0.1 mL 的上清液稀释到 3 mL 的纯水之中，然后测定 OD_{260}。

3. 核糖核酸酶的变性

向溶液 A 中加入 0.285 mol/L 二硫苏糖醇和 8 mol/L 尿素反应 4 h 得溶液 B。

4. 验证核糖核酸酶的变性

取适量溶液 B，按步骤 2 的方法测定酶活力丧失，以证明三级结构丧失。

5. 凝胶过滤法提纯

选用（粗、中粒度）凝胶过滤，去除 B 溶液中的变性剂得洗脱液 C。

6. 酶的复性

将变性的蛋白质转移到其生理缓冲溶液之中（磷酸氢二钠配制，pH 8 左右）得溶液 D，于室温下通入氧气放置，以使次级键和二硫键形成。

7. 确定复性程度

每隔 7 h 取出适量溶液 D，按步骤 2 的方法测定其酶活力，由此确定其复性程度，绘制复性百分比对时间曲线，若实验成功则可发现核糖核酸酶活性得以近 100％恢复。

8. 对照组实验

在不加变性剂的情况下，由步骤 3 开始同步进行对照组实验。理论上，由此得出的酶活性应和步骤2所得一致。如果有小范围内的差距则步骤6中的复性程度应以对照组为参照标准；如果有较大范围的差距，则应检查实验步骤是否有误。

9. 确定二硫键对三级结构形成的影响

用煮沸过的蒸馏水配制所有试剂，按步骤3~5同步进行实验，实验过程中尽量避免因溶剂与空气接触而造成溶氧量的增加。在进行复性实验时，在溶液上方封以石蜡油以隔绝空气中氧气，保证核糖核酸酶在无氧条件下折叠。再按步骤7进行实验并与对照组比较。

10. 按以上各步骤重复实验两次

15.6 结果分析

1. 去折叠的牛胰核糖核酸酶的分离纯化方法

Anfinsen 采用透析的方法除去导致酶去折叠的尿素和硫基乙醇。现在分离提纯蛋白质的方法有多种多样，本实验可以使用更先进、更高效的方法代替透析，以达到更好的分离纯化效果。凝胶过滤就是一种根据分子大小分离蛋白质混合物的有效方法。它具有以下优点：

（1）操作简便，所需设备简单。有时只要有一根层析柱便可进行工作。

（2）分离介质为凝胶，不需要复杂的再生过程便可重复使用。

（3）分离效果较好，重复性高。最突出的是样品回收率高，接近 100％。

（4）分离条件缓和，对分离物的活性没有不良影响。

（5）应用广泛。适用于各种生化物质的分离纯化、脱盐、浓缩以及分析测定等，分离的分子量范围也很宽。

去折叠的牛胰核糖核酸酶分子适合用凝胶过滤方法分离纯化，分离效果将比透析更好。

2. 确定二硫键对三级结构形成的影响

有资料表明，二硫键并不是正确三维结构所必需的。Anfinsen 实验中将去折叠后没有活性的酶转移到生理缓冲溶液之中，在有氧气的情况下于室温放置，以使巯基能重新氧化成二硫键。若没有氧气，则二硫键不能形成。为了更好地观察二硫键形成与否对蛋白质三维结构的作用，可以将重折叠的条件设置有氧和无氧两个对照。

3. 实验过程的跟踪测定分析与对照

Anfinsen 原实验只是将完全复性后的牛胰核糖核酸酶与原来的酶进行比较分析。这样实验就只能得到一组结果。考虑到重折叠过程耗时较长，并且蛋白质分子重折叠程度对时间有一定依赖性，可以在实验过程中定时取样测定重折叠酶的活性，计算复性蛋白质的百分比，从而观察牛胰核糖核酸酶复性百分比随时间的变化规律，并绘制出曲线图。

另外设置对照组实验，即在不加变性剂的情况下，同步进行实验。理论上，由此得出的结果应与原来酶成品只有小范围内的差距，复性程度应以对照组为参照标准。

参 考 文 献

陈钧辉等. 2008. 生物化学实验. 4 版. 北京：科学出版社.

高英杰等. 2011. 高级生物化学实验技术. 北京：科学出版社.

汪晓峰等. 2010. 高级生物化学实验. 北京：高等教育出版社.

杨荣武. 2012. 生物化学原理. 2 版. 北京：高等教育出版社.

Cowper G, Omri A. 2005. Experimental Biochemistry. Illinois：Pearson Custom Publishing.

Sambrook J, Russell D W. 2001. Molecular Cloning：A Laboratory Manual. 3rd ed. New York：Cold

   Spring Harbor Laboratory Press.